探寻

中国自然遗产
大宝藏

赵海春 ◎ 编

吉林摄影出版社
·长春·

图书在版编目(CIP)数据

探寻中国自然遗产大宝藏 / 赵海春编. -- 长春:
吉林摄影出版社, 2013.7
ISBN 978-7-5498-1780-1

Ⅰ.①探… Ⅱ.①赵… Ⅲ.①自然保护区 – 中国 – 青年读物②自然保护区 – 中国 – 少年读物Ⅳ.①S759.992-49

中国版本图书馆 CIP 数据核字(2013)第 151590 号

探寻中国自然遗产大宝藏
Tan Xun Zhong Guo Zi Ran Yi Chan Da Bao Zang

编　　者	赵海春
出 版 人	孙洪军
责任编辑	李乡状
封面设计	书　韬
开　　本	165 mm × 230 mm　1/16
字　　数	120 千字
印　　张	12
印　　数	1—5000 册
版　　次	2014 年 6 月第 1 版
印　　次	2014 年 6 月第 1 次印刷
出　　版	吉林摄影出版社
发　　行	吉林摄影出版社
地　　址	长春市泰来街 1825 号
	邮编：130062
电　　话	总编办：0431-86012616
	发行科：0431-86012828
网　　址	www.jlsycbs.net
印　　刷	北京盛兰兄弟印刷装订有限公司

ISBN 978-7-5498-1780-1　定价：29.8 元

版权所有　侵权必究

目录

001　三清山风景名胜区

003　三清山景貌特点

006　三清山的主要景致

009　结　语

011　黄龙风景名胜区

014　黄龙生态环境

018　黄龙主要景区

030　结　语

032　九寨沟风景名胜区

035　九寨沟景貌特点

037　九寨沟主要景区

045　结　语

047　三江并流风景名胜区

050	三江并流的历史背景与地质特点
055	三江并流景区的生态状况
059	三江并流景区的山岳群
073	结　语
075	大熊猫栖息地
087	四川省大熊猫栖息地的主要景区
100	结语
102	云南澄江生物群
114	澄江化石地包含的主要生物种群
126	结　语
128	武陵源风景名胜区
133	武陵源风景主要组成部分
151	结　语
153	中国南方喀斯特地貌保存地
167	结　语
169	中国丹霞地貌
187	结语

三清山风景名胜区

三清山作为江西名山之一,位于江西省上饶市境内的玉山县与德兴市交界之处。拥有江西境内海拔高度排名第五的玉京峰,既是一方地理标志,又是从古代便负有盛名的道教名山。

探寻中国自然遗产大宝藏

江西一地之名的历史由来，可以追溯到公元733年，唐玄宗李隆基于此设立江南西道，江西因此而得名，又得缘赣江从此川流而过，故而江西简称为赣。可以说从古至今，这片土地从来都不曾寂寞过。温和宜人的气候、秀丽多姿的山川、环境的优异与物产的丰厚给予了社会蓬勃发展的生命力，让这里成为了中华文化名胜纷现迭出的一个天然摇篮。

由于在历史上远离政治中心的缘故，这里避开了很多次的兵灾人祸。由此保存下来的丰富的历史文化和人文遗迹，让这里从很久以前开始便享有物华天宝、人杰地灵的赞誉。

文词史书中留名千古的鄱阳湖、滕王阁、庐山等名胜景观比比皆是。"得天独厚"四字之于赣地，可谓恰如其分。

三清山作为江西名山之一，位于江西省上饶市境内的玉山县与德兴市交界之处。拥有江西境内海拔高度排名第五的玉京峰，既是一方地理标志，又是从古代便负有盛名的道教名山。

早在1988年时，被列入国家确立的第二批全国级别重点风景名胜区中，及至2005年又被设立为国家地质公园，现在已经成为了全国少有的5A级风景旅游区。2008年7月召开的世界遗产大会上，三清山风景名胜区成功地通过了世遗委员会的成员审议，成为了中国第七处，也是江西省第一处独立被列入《世界遗产名录》的景观。

三清山景貌特点

三清山景区的总面积约为230平方公里，全山的主体部分是由坚实的花岗岩结构组成的，山上石峰的形态变化无章，景致奇趣多姿，如同中国水墨丹青当中最标准的那种岩山的样貌。

探寻中国自然遗产大宝藏

也许是受到了古典文化作品诸如《西游记》《封神榜》等名著以及后期根据这些古典名著所拍摄的影视剧所带来的影响，对于中国的名山圣峰，尤其是有着比较深厚的僧道文化流传的山岳名胜，人们传统的概念当中往往抱有这样一种印象：远观必是山形清秀，峰崖比邻，于峭壁之间崖谷之中云雾迷茫；近看有苍松翠柏错落遍生山间之余，必有拙岩、清溪，阳面山坡以背、山间小道于略显幽森的林间曲径通幽，蜿蜒于山中扶摇而上的这样一派典型的中国南方山岳风光。而三清山，则恰好是这种印象在现实当中一处非常完美的映现。

三清山景区的总面积约为230平方千米，全山的主体部分是由坚实的花岗岩结构组成的，山上石峰的形态变化无章，景致奇趣多姿，如同中国水墨丹青当中最标准的那种岩山的样貌。

在地理上，由于三清山毗邻同处本地的黄山景区，因此与黄山有着颇为相近的地理环境和景观样貌，堪称姊妹之山的两座名山同样拥有着典型的南方山岳风光，也是从古至今多次被搬上纸面，于文人画匠笔下再现的风景题材。

山间的峭壁之上布设有供旅人登步前进的高空栈道，方便行走于峰群当中观赏景致。在三清山叠嶂重现却又疏密有致的山峦之间，受地域气候的影响，一年当中有近200天的时间都飘有云雾。于一日之间所呈现出的山间气象与山间的景色遥相呼应，可谓美不胜收。

三清山有三处最高的山峰，分别名为玉京峰、玉华峰和玉虚峰，其

中玉京峰峰高居冠，垂直海拔达到了一千八百多米。此三者从山下远望过去，犹如道家玉清、上清、太清，这三位教门祖神并列端坐在云雾之中，"三清"之名也正是得之于此。

  在山巅之上，尤其是在晨间及傍晚，当山色被斜照的阳光映射于遮挡山体的雾中时，会呈现出一种近似暗蓝色、略显虚茫的样态，其上耸立的山峰便益发显得清癯庄远。令见者心中不由得浮现出一分神秘与敬畏，尤其在傍晚日落之时，连绵的山岳所组成的地面的剪影更早地掩去太阳的光芒，使山峰的样貌在夕阳下演绎了简短的辉煌与浩壮，便逐渐没入入夜后暗下来的天色和雾霭之中，更添一份"山色无限好，只恨黄昏短"的惆怅之美。

三清山的主要景致

三清山山体狭长,因其质地主要为花岗岩石体,被巧誉为"西太平洋边缘地带最美丽的花岗岩"。主景区由十个主要分区组成。

三清山的主要景致

三清山山体狭长，因其质地主要为花岗岩石体，被巧誉为"西太平洋边缘地带最美丽的花岗岩"。主景区由十个主要分区组成。其中有着最为著名的四处景观，分别是玉京峰、三清宫、南清园和西海岸景区。仅凭其命名的撰词风格，便可以看出其中所蕴含的道教文化因子，可以说是贯穿了整个三清山景观系统的文化血脉，其痕迹在山中随处可见。其中玉京峰景区，是最具有特色和游览价值的一处地带。

三清山三座主峰当中，三峰并踵而坐，玉京峰位置居中，同时也基本上处于整个山区的地理中心。作为三座山峰中最高的一座，玉京峰的海拔高度超过了一千八百米。

这片景区当中，玉京峰景区是整个三清山垂直海拔落差最大的一处景区。下辖的区域另有蓬莱三峰、广平尖和飞仙谷等景观。由于地形原因，临接三座主峰形成的峭壁以下的王母谷形态最为壮观，宽阔沃深的山谷形状犹如一盏坐于此间巨大的开口方樽。绵密缥缈的山间云雾浮浪于峰下，在晨间和傍晚形成云海和雾阵，随谷中山间不时变换的风向荡漾涛卷，虽无波浪激荡之声，却独有一番浩荡沉雄的气魄。

与云涛雾海相比，同为玉京峰景区著名天象与气象景观的日出和佛光，也同样无声音相伴其景。然而在更大程度上，后两者所带有的却是一份接近于静致与逸美的浪漫。在高山地带附带的所有自然景观当中，日出无疑是最具有视觉冲击力的一项。

夏日的凌晨，由于海拔的关系，即便处于伏天当中，山峰之上依然有着渗骨的寒冷。遥远天边混沌的云团被隐在云霞中的太阳光芒迫出了一道云和天的分界线时，日出便趋近了。随着那道界线以下的太阳逐渐升起，那份金色的热意与光芒在云中鼓动燃烧的氛围也愈加地显著起来，有那么短暂的一会儿，它的脚步仿佛慢了下来，但就当你这样以为的时候，那一隙金芒，开始只是明晃晃的，但马上就开始变得溢耀逼人，从那云层的边际绽放出来，带着直刺入灵魂的威势与璀璨，继续上升。被凌晨昏茫的光线投下灰暗阴影的山林于是也随着这光芒而"燃烧"了起来，生命的光炎在广袤的枝叶间跃动流淌着，与天空和云层共同铸就这为时48分钟的一场无声的宏伟。

比起日出所释放的澎湃的光芒盛宴，"佛光"作为一种自然景观，从视觉上来讲要淡雅和缥缈得多。所谓的"佛光"，实际上是阳光照射在山间浮现在云雾表面以后，云雾中细密飘散的微小水珠对于光芒起到了反射和衍射的效果，根据云雾的整体形态形成了一大片处于空中的光幕折射区。在山中的空旷地带，无遮挡的人或物的身影被后方的阳光投射到前方，比较浓厚且状态相对稳定的静态云雾之上，此时空中的折射区块当中就会映出模糊放大的形状身影，云中细小的冰晶与水珠同时起到了折射和放大太阳光七色光谱的作用，被分解散出的诸色投射在同一片云雾上，就会形成类似神佛背后的环状宝光或模糊的彩虹状光现象。阳光经过折射后生成的对应景貌往往形态奇异，妙趣横生，引人遐思，也增添了三清山神秘和灵异的魅力。

结 语

三清山以一山之地同时怀含了这两种内容,为人们提供了一个可以在饱览风光的同时尽情感受古典文化风味的场所,在这个信息和元素混杂纷乱的时代,留下了一片保持着历史和自然原色的净土。

三清山地处亚热带气候区块当中，同时由于地理原因，具有高山气候的明显特征。年平均气温适中，基本处在10℃~12℃之间。在最炎热的七月，其温度也可以保持在20℃左右，绝大多数时间适宜游览和登山。

初秋时节，山地干爽自在，景物在秋日透彻明快的阳光下益显秀色，是登山游玩最佳的时间，此时也是佛光出现最为集中的季节。即便是在多雨的夏天，山间的景致也独有一番风味，青松翠柏于雨中去净一身的落尘，显得尤其明绿可爱，松柏之下，巨大的花岗山岩也被刷洗干净。待雨后初晴，带着植物枝叶清苦的气味和细微潮湿的山风徐徐而来，若见阳光，此间便是漫山一派的晶莹剔透。与山麓之中遍布陈列的道观福地远远相映，既在人间，又胜仙境。

现代社会的中国，人们受信息传播的发达程度影响，所能够接触到的新事物类型众多，没有时间和空间专程感受和体味我国的传统文化遗迹和广大山河当中自然风景的美好，无疑是一件令人遗憾的事情。三清山以一山之地同时怀含了这两种内容，为人们提供了一个可以在饱览风光的同时尽情感受古典文化风味的场所，在这个信息和元素混杂纷乱的时代，留下了一片保持着历史和自然原色的净土。

黄龙风景名胜区

　　川藏之地自然美景原本颇多，能够在这其中获得如此高度的认可，黄龙风景名胜区自然有着它不同凡响的特质。

黄龙名胜风景区在我国四川省边区的阿坝藏羌族自治州境内，位于距松潘县城区以东约56公里，平武县122公里处的山区，总面积达约40 000公顷，占地广阔，风景瑰丽。经过多方具体考察，1992年12月，经联合国教科文组织确认，将四川黄龙国家级风景名胜区以世界自然遗产的身份写入《世界遗产名录》。川藏之地自然美景原本颇多，能够在这其中获得如此高度的认可，黄龙风景名胜区自然有着它不同凡响的特质。

黄龙名胜风景区的主体景区，由面积数百平方公里的黄龙本部与牟尼沟两大部分组成。黄龙本部涵括了黄龙沟、丹云霞、雪宝顶等景点。而牟尼沟则主要由扎嘎瀑布和二道海两个区域构成，因位于当地的名胜黄龙寺而得名。黄龙风景区最为世人所称道的，莫过于它变幻多姿的地貌与色彩，被人们归纳为彩池、雪山、峡谷、森林的"四绝"大致上概括了它所包含的主要特点。

作为中国迄今为止唯一保存完好的高原湿地，在这条长约7公里，宽逾300米的钙化峡谷中，保存着大量不同形态的钙华现象产物。这里还栖息着许多该地区特有的珍稀野生动物，包括被列为国家一类保护物种的大熊猫和四川疣鼻金丝猴。由于地势狭长，山势起伏盘转，势如伏龙，在当地又被称为"藏龙山"。

在历史上，《松潘县志》有载：明代时此处已拥有前、中、后三座寺庙，钟鼓相闻，香火隆盛。但经过时间推移与历史变故，前两寺大部

黄龙风景名胜区

分殿宇早已荒废破败，仅余依稀可辨的废墟残骸。现余保存完好的中寺一方供奉观音的殿宇和后寺诸座建筑。

后寺现在作为道家庙宇，供奉的本尊为黄龙真人像。迄今为止，每逢农历六月举办的黄龙寺传统庙会，依然是附近方圆数百里各族群众进行祭祀朝香、祈祷游览的地点。为拥有奇特景观、丰富的资源和完好的生态环境的黄龙风景区增添了一份独特的历史和文化特色，总体的自然与人文价值不可估量。

出于黄龙风景区所具有的景观及人文历史特色，国家从很早开始便对其给予了极大的关注。1982年，黄龙风景名胜区即被国务院列为全国重点风景名胜地，1983年时又被列为四川省自然保护区。经过我国自然科学相关专家与国际组织的肯定，在1992年，黄龙名胜风景区终于成为了联合国《世界自然遗产名录》的一员。

黄龙生态环境

　　黄龙景区的地质环境比较复杂，其地貌属于中国第二地貌阶坎前位，历经第四次冰川形成了景区内的荒原地带与冲积平原区域。整个区域海拔较高，横跨涵括的范围内各处地理形态差异很大。

黄龙生态环境

黄龙景区的地质环境比较复杂，其地貌属于中国第二地貌阶梯坎前位，历经第四次冰川形成了景区内的荒原地带与冲积平原区域。整个区域海拔较高，横跨包含的范围内各处地理形态差异很大。再加上历史上一直远离人口密集聚居的地区，这也是造就景区内种类繁多的生物得以顺利繁衍生息的最主要原因。

复杂的生态系统消耗着这里的森林，但同时也反哺着它。繁荣的生物群落为丛林制造着生机和活力，高山和深谷的复杂地貌带来的广阔森林区域也造就了在其中生存的物种的多样性。

按照境内动物栖息密度的类型，大致可以分为以下三种区段：常绿阔叶林带、高山灌木带、针叶与阔叶混交林带，由针叶林带、草甸灌木带所组成的高山草原以及溪流、人类居住区和岩石荒地。

其中常绿阔叶林带由于环境适中，生物多样性程度很高，因而处于食物链上端的哺乳类动物数量较多。但是由于人类居住区与常绿阔叶林带同处低海拔地带，该区域遭到破坏的程度也是所有地带当中最严重的。因此，许多种大型动物为了避开人类，其活动区域已经转向了距此海拔更高的地方。

景区内常见的小型哺乳动物包括了以啮齿类和小型鼬科为主要类型的约13种动物。相对于人类存在趋避性没有那么强烈的小型动物而言，分布于海拔2 400米~3 600米之间较高区域的针阔叶混交林已经成为了大多数哺乳动物的主要生活场所。

由于气候和温度环境的变化不是很大,因此在常绿阔叶林带中分布生存的动物在一年中绝大多数时间都可以在这个范围保持活动。包括大中型兽类在内的大型动物也是这里的常客,譬如羚牛、金猫、云豹等珍稀动物。而位于其上方的针叶林是保护区另外一处重要的生物分布区域,该植物带位于海拔3 600米~4 000米之间。在相对于混交林带更加严酷的生存环境当中,植物种类则较为单一,高大的乔木直接导致了下层透光性较差,影响了灌木和低矮草木的生长,不适宜中小型动物生存,形成了大中型动物的主要栖息地集中在这一区域的情况。许多典型的高原动物如猞猁、马熊、牛羚、大熊猫等皆在此繁衍生息。

草甸灌木带位于森林线以上的区域,普遍在海拔4 000米以上。这一区域的植物种类比较匮乏,以杜鹃和浆果灌木为主。干旱寒冷的环境下,能够在这一区域生活的动物都拥有比较强的耐寒、耐干旱能力。为了减少体能与宝贵的热量的消耗,在这一区域的动物通常体型中等或偏小,有浓厚毛皮覆盖躯体和杂食性强等特征。

田鼠、鼠兔、喜马拉雅旱獭等小型啮齿类动物形成了这个区域食物链的第一环,为同样生活在这片区域的鼬科动物以及狼、狐狸、山猫等动物提供了食物。灌木和低矮草木居多的植物种类特征也吸引了在更高海拔生活的岩羊等食草动物前来草甸带觅食。

生物活动环境更加严酷的裸岩区域,栖息着为数不多的几种生物,诸如猕猴、金丝猴和岩羊等素食为主的动物大多可以在这里找到。但事实上,它们主要的食物来源仍然有一部分是来自下层灌木和林带当中。

黄龙生态环境

对于这些生物来说，避开大型掠食动物和人类侵扰是能够把栖息地选择在这里的主要原因。

黄龙地区海拔较高，平均海拔高度在3 000米以上，属于中国第二地貌阶梯坎前位，位于青藏高原东部外缘与四川盆地以西山区的交接地带，是涪、岷、嘉三江源的分水岭，拥有全中国最完整的钙华景观。

黄龙景区的纬度中度偏低，属于高原温带亚寒带季风气候，带有川地一带特色的湿冷气候是形成其现有生物群落繁衍状态的主要原因。一年内夏季持续的时间不长，温度变化也不明显，因此造成了起始几乎相连、温润宜人但略显多雨的春秋季节，冬季时间漫长，降雪充分。年平均气温不超过7℃，冬夏季温差约为14℃。因此游览黄龙风景区的最佳时间基本集中在四月到十一月之间。

黄龙主要景区

在岷山脚下，黄龙沟背靠终年白雪皑皑的岷山主峰——雪宝顶，面对着的是湍流不止的涪江上源，被当地的藏民称之为"东日，瑟尔峻"，意思是"东方的海螺山、金色的海子"。

黄龙主要景区

黄龙沟

在岷山脚下，黄龙沟背靠终年白雪皑皑的岷山主峰——雪宝顶，面对着的是湍流不止的涪江上源，被当地的藏民称之为"东日，瑟尔峻"，意思是"东方的海螺山、金色的海子"。长约7.5公里的沟谷线条平缓大方，沟谷顶端山麓峭立，林木茂密。

沟内乳黄色的岩石密布。远望犹如卧眠蜿蜒于深山幽谷中的黄龙，黄龙沟之名便得之于此。相传古代曾有修道之人名曰黄龙真人，辗转觅得此处。见此间风景秀逸，山怡水秀，便在这里建筑寺庙用以修心养道。明代前人在此修建了黄龙寺，其意在供奉这条蛰伏于此的"黄龙"。数百年来，这处庙宇不仅被汉族民众信奉，也为各族乡民所尊崇，每年一度沿袭的转山庙会早已成为西北多地的各族民众共同的重要祭祀节日。

黄龙景区位于山间，其中最富有视觉欣赏价值和个性的景观，首推在山间绵延分布长达数公里的钙华区域。其中最长的钙华滩体长达1 300多米，宽可至700米。在山间雪线溶流而下的雪水与涌出地表的岩层水交汇合流后，随着地貌变化形成数个径流地带。水中所富含的碳酸钙与其他矿物质开始在地表富集沉淀，凝固成为了包覆地面的钙质外壳。

更为精彩的是，在碳酸钙沉积的过程中与来自地底和地表的诸多物质凝结形成的不同颜色的钙华体，生长的钙华逐步累积，形成坝墙阻挡了流水，流水漫过继续向下流淌后又遇到新的坝墙，这个过程周而复始。使径流地带形成了大片毗连层叠的彩池群，总数多达3400余个，池面的大小形态变化繁多，大的可达数亩，小的可比书桌。形状有的如花苞，有的如宝瓶，有的如螺旋，有的如车轮，有的如卧兽。在光线照射下，澄澈的泉水沿着沟谷的地势走向，从重茂层叠的原始森林间一路倾下，漫流过一路上错落相连色泽不一的彩池，越过枯木乱石形成的障碍。静时脉脉，落时叮咚，汇入下游的矮池中，被池底凝固的钙层染作种种颜色，清蓝、粉白、明黄、水绿、椹红，伴着反射的阳光映诸林间树木，形成了一派超越人类想象力的曼妙景象。每逢夏日早间，湖面雾气升腾，天光湖色在雾气中朦胧迷幻，偶有残木老藤野草怪石隐现期间，更添诗意，使人恍登仙人之境。由此，这片区域有"映月瑶池"之称，亦称"五彩池"。

黄龙沟景区

进得山来，栈道起始之处，便是一片水色明秀的池组。天然形成的水池大小不一，色彩各异，依山势错落而就，便是黄龙景区的迎宾池。葱郁繁盛的植物环绕四周，夏季时分鲜花盛开，池中倒映花木，水上缤纷，水中亦缤纷。游人于此，对山间风光可得一窥。

黄龙主要景区

沿曲折的山路栈道拾步而上，继迎宾池而来的，便是"飞瀑流辉"。自山间林中涌出的瀑流随着脚步的前进逐渐展露出它的全貌——激流从10米多高，近60米宽的岩崖尽头冲飞而出，如天河倒灌般裂散为数十道大小瀑布，烁涌的泡沫搅拌在水流里随势落下，激荡水雾翻飞。瀑布有急，有缓，飞扬者声势浩荡，悠然者闲适自静。瀑布后的悬崖遍布巨大的金黄色片状钙华团块，瀑流淋落而下，在阳光下映衬得炫丽辉煌。

来到黄龙栈道的第二台阶，侧向所见的，就是洗身洞。这是一处古代冰川运动在山体上所遗留的流水溶洞，形状不规则的椭圆。高约1米，宽1.5米。进洞前进2米不到，便可见其中遍布的大小钟乳石，模样却与外界绚烂多彩的钙池相去甚远，浅黄，乳白，沿着滴水的线条延展出的是柔和细腻的渐变。

在洞口处，水雾弥漫，触手可碰到流落的瀑水。相传，此处原是仙人于凡间修炼，将这里作为净身洗尘之所。妇女若有不孕之苦，只须入洞洗身一沾仙气，便可抱得贵子。略显戏说的传说，倒成了释缓洞窟神秘幽暗的一份妙趣。

从洗身洞离开，婆萝彩池移步可到，一抹偌大的色彩赫然延展其间。这是目前全世界同质地形成物当中最为绵长多彩、同时也是体积最大的一段钙华流。长度接近1 500米、宽70~120米不等的壮观躯体横陈于此，在阳光照射下，于浅水中灿烂生辉。恍如路引，又如一望不尽的华毡铺展于地，预示着将见的精彩。

沿路向左，来到的是盆景池。眼前豁然一片园林如花怒放，天然钙华积累化作层层艳丽奔放的池阵，百余个水池密密叠叠地将清浅的水面分划开来，与池中池畔拥绕的草木怪石、花果藤枝却自成一派秀雅庭堂的格局，掩映着水流潺潺汇入下游的小湖。于此极目远眺，黄龙寺已隐约可见。

黄龙中寺遥距沟口3.5公里，寺中庭殿开阔明畅，是游客在此休息歇脚的必经之处。据县志所载，黄龙寺一刹最早起于明代，亦名雪山寺，共分前中后三部分。由明代的官员兵马使马朝觐所建造，其因由至今已然不详于世，建造者马朝觐的声明也再少有人提及。"相传黄龙真人养道于此"却成为了本地妇孺皆知的典故。

黄龙前寺毁于前史，其建筑风格与基本样貌大致可以参考中寺与后寺。中寺共有五殿，占地五千多平方米。虽地处山间野地，却拥有宏大的规模，现存的观音殿中保存着十座罗汉塑像，依稀可见当年全盛之时恢宏隆盛之时的风采。相较前两寺，位于黄龙沟尽头的后寺的庙宇建筑保存基本完好，占地近2 000平方米，是三组寺院中规模最大的一座。

殿中供奉的神尊便是黄龙真人。与最为广泛流传的黄龙于此修道成仙而修建庙宇的传说不同，据当地流传的另一种说法，在远古时期，大禹率群众整流治水以安世济民，黄龙曾出手予以相助。后世百姓感念其功德，于是立碑修庙进行祭祀和纪念。现后寺正殿以内，塑有一尊高大的黄龙真人座像，身着整肃的玄色道袍，头顶道冠正襟而坐，神态安详宁和，怡然享受着数千年后无数远方到此的人们奉上的香火与礼敬。

黄龙主要景区

牟尼沟景区

　　牟尼沟与黄龙沟共同作为景区主体的另一部分，位于松潘县城的西南方向，是黄龙风景名胜区的新辟景区。较之已有典故口耳相传的黄龙沟来说，牟尼沟的人文元素相对较少。它的主要魅力，在于刚刚开辟出来没有经过太多人工雕琢的原始景致，有着比黄龙沟更加直接和质朴的天然气息。

　　牟尼沟的原始森林规模庞大，参天古木屡见不鲜。对于初到之人来说，林中的路径曲折而寂静，带有湿地原始森林经年封存的蛮荒气息，显得近乎幽闭。但这种沉寂只是牟尼沟的种种面貌之一，当你进入森林深处，林间渺渺回荡的絮絮之声逐渐转为深重的隆隆震荡，这种震荡会随着你的脚步深入而渐转为轰鸣，当地人和导游会告诉你，那是水流从高空中坠向地面时发出的声音。

　　被河水携带的矿物堆积而成的台阶式钙华岩壁上，被超过每小时27公里的流速催动成为白色的巨大水流，从104米的高度腾空飞落，在观赏者仰望的目光中挟带着巨响急坠而下。扎嘎大瀑布，地处海拔3 270米的高原地带，是中国最大也是海拔最高的钙华瀑布，这赋予了它尽情展示自己力量与魅力的最佳空间。

　　上游的湖泊供给了它流之不涸的水源，不甘寂寞的水流落下瀑布，在下游浇铸塑造出数百个如阶梯般的钙华河床，如同百老汇戏院门前的台阶般簇拥着指向瀑布的方向。落下三重钙华台阶的水流冲击着钙质河

床,拍打出如同爆炸般的白色泡沫,雷鸣般的声音震撼人心。在瀑布主干的第二阶,瀑水奔流之间隐约可见峭立的钙华河床上一方洞口被水流冲击着,每日到了特定时分,阳光下就会出现一道持久不散的彩虹,为瀑布增添了一分婉约梦幻的色彩。

扎嘎瀑布自身全高约 94 米,在瀑布的中段,有一处天然形成的宽大石质平台。山壁上修建的栈道陡峭而险峻,只有通过这条道路,才可以抵达同在瀑布中段的山间观景台。巨大的瀑布水流如同白色刀锋般削过突出崖壁的平石台,在平台上冲撞飞溅,终年白浪不息。

由水流带来的碳酸钙在平台上富集,加上流水常年的打磨修整,使平台蒙上了一层釉质般厚实平缓的外壳。从观景台上向下俯视,恰如青盘半盏,琼玉满怀,此石因而得名"溅玉台"。若从观景台继续引步而上,栈道变得更加陡立。山间朔风萧萧,刮来途经的一处湍流溢出的水汽,更见湿滑清冷。但用不了多久就可以到达平地,从此处再往前去,便是扎嘎瀑布的源头。

扎嘎瀑布倚山而立,越山而过,就是牟尼沟风景区北部的另一处胜景:二道海。与仅隔一壁的扎嘎瀑布毫不掩饰的那份狂野与激荡不同,相比来说,山的这一侧,是彻底的幽静所在。

这片区域的得名,主要源自其中的两座毗邻相望的湖泊,当地人分别称之为"小海子"和"大海子"。但实际上,小规模的径流和湖泊在这片区域数量不少。水草茂盛的环境哺育了这里茂密生长的原始森林,绝大多数地表水流都被掩盖在遮天的树冠之下,唯有这两座宽广、深邃的

黄龙主要景区

湖泊脱颖而出，在阳光下焕发的光彩弥足照亮森林环蔽的幽暗。对于二道海，县志有云："松潘城西，马鞍山后，二海相连如人目。"足见在当地人心目中对这处景观的印象之深。

提到了湖，必然要说到珍珠湖。川地高原，本多湿冷。在这种气候环境下温泉也就显得尤为可贵而珍奇。珍珠湖，亦名煮珠湖。在当地曾有典故：相传，九天仙女曾下凡至此，以神力化雪为水，煅煮明珠，炼生泉眼。延至数千年后的今天，昔年天神力量制造的热泉依然没有退尽它的温度，每到夜晚和冬季气温下降的时候，温暖的泉水池畔便会雾气袅袅，恍如秘境。

作为温泉，珍珠湖的水温宜人，即便是冬季最寒冷的时候，四下被大雪所覆盖，池水温度也依然能够保持在20℃以上，池边能够闻到浓重的硫磺气味。池中的泉水味道带有矿物的微甜感，水体色泽有些许发黄，沾之略显黏滑腻手。当地人经常来此沐浴，除了借助温泉的水医治皮肤和风湿病症之外，也有祈祷幸福好运的意思。

作为川地自然风景区，牟尼沟同时拥有着九寨沟式质朴纯净的原始森林风光与黄龙沟色彩烂漫之美，独特的钙华池瀑布有着不逊于五彩池的精妙，溅玉台的怡目舒心，二道海的深邃幽广，珍珠湖的镜色天光，扎嘎大瀑布的奔流气势。山、林、洞、海（子）丰富的连转变化仿佛以一己之躯尽揽了川地自然风光的诸多精髓，换得的是一派野性却不乏精致的风采。

红星岩景区

与黄龙沟和牟尼沟不同,红星岩景区海拔较高,位于漳腊盆地东侧,与岷山山脉西坡相连。景区中漫布着大片奇峰怪石地貌与冰川堰塞湖,在第四季冰川作用下形成的远古地貌保存完好,充满苍茫旷远的原始神秘感。

其核心是位于海拔高达4 300米处的"红星海",湖面被地貌约束成一方不标准的五角星形状。宁静秀美的湖面被沿岸的植被花朵簇拥环绕,盎然缤纷的生命迹象与周围怪石嶙峋的地貌形成鲜明的反差。

位于悬崖中部绝壁上的一处岩洞色呈赤红,其状犹如鲜血,又如岩浆,因海拔较高,悬崖被云雾所遮挡的时候,凹陷状的红色岩洞却能反射云层上方的阳光,使云雾中看起来像笼罩着另一颗红色太阳在时隐时现,景色奇异,引人遐想。

雪宝顶景区

作为岷山山脉主峰的雪宝顶,海拔高度5 500米以上。西距松潘县城约50公里。雪宝顶一峰三面峭壁环绕,唯有东坡地势较为缓和。2003年,中日联合登山队曾途经此地,登上雪宝顶峰,考察并验证了这座雪峰对于科学研究和登山体育运动所蕴藏的丰富价值。

雪宝顶上终年积雪,山体宽广、辽阔,山腰上森林与湖泊散落其间,草木遍布雪宝顶山麓,灌木众多,原始森林中除树木外也生长着大量贝

母、雪莲、冬虫夏草等名贵药材。

青羊、野鹿等珍贵动物栖息其中。山上较大的湖泊有100个以上，其中并称为四海的最著名的四个湖泊（海子），分别是平滑如镜的东南圆海，弯弧如月的西北半圆海，宽阔如矩阵的西南方海，规整如角尺般的东北三角海。作为湖泊群中最醒目的角色，恰如保卫雪峰的哨兵，静静地列布在四个方向上。

四沟景区

距黄龙沟约12千米处，即是四沟景区。它的基本形态是一条古代冰川运动形成的沟谷，沟口处形成了一小片平坦的冲积平原，距离黄龙沟地理位置最近的黄龙乡就在此处。

景区海拔极点跨度很大，最高处可达4 200米，最低处接近2 700米，复杂多变的地形绵延了整个景区。有些地方，山脉塌陷断裂形成巨大的台阶式落差，仅数百米开外，又有从地底崛起的岩石断层，冰蚀地貌与深层地质活动塑造的作品比邻相对，直入天际的险峰与开阔坦荡的河谷滩地相映成趣。

位于此处的原始森林与冰川在经过一系列地质活动的变迁之后保留了它们最基本和原始的面貌，同其毗邻的却是一派古色古香的农桑田园的人文风光。

其所包含的风格差异之大，足以使人恍如置身两个世界当中。沟内的森林和河谷之外，存在着这一带极其少见的高山荒漠景观，这片区域

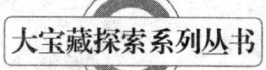

分布相对集中，与森林区域的分界非常明显。裸露的土地与岩石从森林的尽头翻卷出来，带着一种陌生的气息，一望无尽，如同从西双版纳一步跨入了远在甘肃的玉门关外。远古时代的地质活动造就了这片生机盎然的土地中的异类。它安静地躺在这里，见证着历史，也见证着未来。

沿山势向上，四沟的分水岭逐步从树冠连成的屏障后面露出了面孔，分水岭岭如其名，登岭回看，岭下可俯视自九寨沟的源头绵延而来的冰川遗迹与无穷尽的原始森林，把一切美丽都深藏入绿色与水光的掩护下。分水岭上，却另有一番天地。森林换成了草场，广袤的草甸起伏在分水岭高耸的背脊上，包裹出一脉干净匀柔的线条。

刚刚离开重重森林，不再有幽暗和繁杂，视线豁然开阔了起来。这里是著名的高山草甸牧场，四下牧放的牛马星星点点。自唐代起始，位于川西北之地的龙安马道便越此而过，时至今日，沟内仍然留有延自古时的宽阔马道。当地的牧民出租马匹供游人骑乘游玩，跨上马背，沿着古道循途而行，銮铃碎响间，远方是一望无尽的森林。千年的时间仿佛一直留在这里，从未远去。

丹云峡景区

丹云峡是黄龙的"五绝"之一，这个名字来源于其色彩。作为标准的峡谷地形，丹云峡景区地理形态狭长，起点与终点之间相距18.5千米，高低点海拔落差逾1 300米，峰顶与谷底落差最大处接近2 000米。原本的险峻与恢宏被盎然蓬勃于峡谷间的生机所包容，品种丰富的乔木与灌

黄龙主要景区

木花草才是这里的真正主人。

　　丹云峡地表色彩的季候性极强，冬季雪层覆盖，夏季则绿茵遍野，但最具特色的莫过于春天与秋天由该地的野生杜鹃花和枫叶染就的漫山艳红，由于几乎每天都有云雾缭绕周围，赤红色的峡谷与云雾隐隐相容，偶尔山间风速变大，风起云涌，云如火烧，峡似丹红。丹云峡因此得名。灌木，花草与上百种树木生长其间，漫步其中，会有"云深不知处"般的感觉。

结 语

川藏之地的众多美丽景致和灵地贤人的基因汇聚一处，才最终创造出了黄龙沟这片浓缩了川地绝景精髓的圣地。

结 语

西方人常用"上帝按照新西兰的样子制造了天堂"这句话来形容新西兰的美丽风光,而在中国,这句话可以反过来说。是川藏之地的众多美丽景致、灵地贤人的基因汇聚一处,才最终创造出了黄龙沟这片浓缩了川地绝景精髓的圣地。

无论从规模大小、内涵丰富还是景观独特、气候宜人这几方面的要求来看,黄龙风景区都拥有独占鳌头的潜质和资本。绚丽多姿的高原与原始森林茂密纷繁的风光混杂着山地峡谷的蛮荒高远,与隐现其中悠远的人文气息和历史信息之间形成了互补,多变的气候也无时无刻不在重新勾勒着山色的容姿。

人与自然的距离在这里被缩短,自然与人的和谐在这里被放大。人的欣羡融化进了风和水,流淌向山间沟谷的各个角落,风和水也烙入了人的呼吸,变为色彩,装点着躯体与思想。无可用语言形容的丰富的元素陈列在这里,或流淌,或静止,或矗立,或素面朝天。等待着欣赏的目光把它们装入记忆,带去世界的每一个角落。

九寨沟风景名胜区

九寨沟是大自然的杰作。山青葱妩媚，水澄清缤纷，山偎水，水绕山，树在水边长，水在林中流，山水相映，林水相亲，景色秀美，环境清新。

九寨沟风景名胜区

九寨沟风景名胜区坐落于四川阿坝县藏羌自治州南平县，地势狭长蜿蜒、迤逦超过720平方千米的高原沟谷，囊括缀连了生活于这片山区当中的九座藏族村寨，因而得名"九寨沟"。

这座沟谷的形成时间最早可以追溯到远古时代的第四纪冰川时期，区域内的地理制高点达到了4800米的海拔高度，上下游之间巨大的海拔落差与广阔的所辖面积赋予了它异常饱满的生态结构与复杂多变的地理面貌，加上这里独特的地质环境，才共同造就了这片如今已经是享誉中外的风景胜地。

整个能被称之为九寨沟的地理区域，大多数地带都被茂密参天的原始森林连绵覆盖着，无数被当地人称之为海子的大小湖泊错落其间。从质地上来讲，九寨沟的纯粹程度可以说是令人惊讶的，山、水、林这三种元素几乎就是构成九寨沟风光的全部内容，而仅仅就是以这些内容，大自然却在这块几千年来都远离人们视线的地方制造出了几乎可以称之为独一无二的瑰丽色彩。

毫不过分地说，这里实际上就是一整片被树林们形成的怀抱所珍藏起来的高山湖泊群，那些明丽多姿的湖水被如同对待珍宝般被繁茂的枝干严密保护起来，以免在不适当的时候引来贪婪的目光。这些守护者尽职尽责的保卫是如此成功，直到20世纪70年代末，这片天地的真正面目才终于被偶然踏入其中的人们第一次见到。

在发现这片宝藏之后，接过守护者棒子与责任的人类没有辜负自己的使命，1982年九寨沟就成为国家首批重点风景名胜区。1992年，九寨沟风景区被联合国教科文组织正式纳入《世界自然文化遗产名录》当中。1997年，被纳入"人与生物圈"保护网络，它也是全世界目前为止唯一同获这两项殊荣的自然景观。

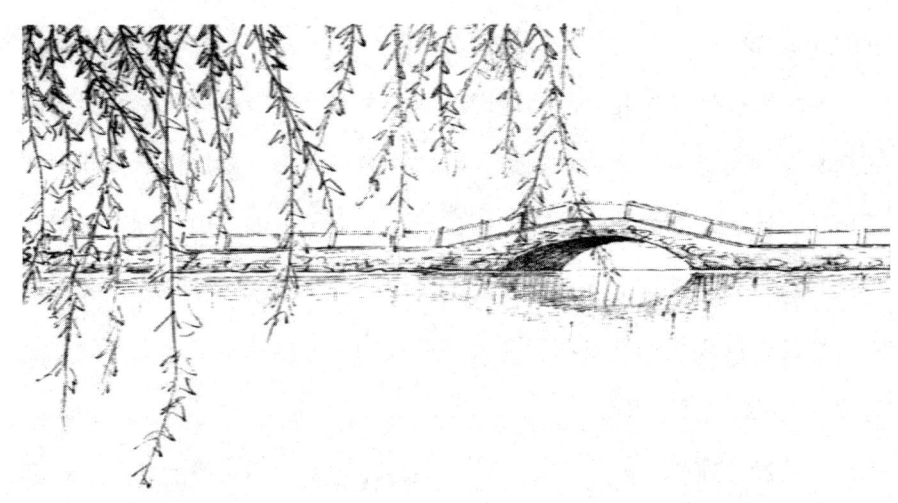

九寨沟景貌特点

　　经过早年间长期的地质运动和气候变化,产生的大量存在于九寨沟地下水与地表河流当中的碳酸钙质,在远古冰川留下的遗迹间随着水流沉淀凝固,形成了富集于水流经过地区的白色固态结晶体。

探寻中国自然遗产大宝藏

九寨沟的形成，要追溯到久远的第四纪冰川运动时代，与圆锥状喀斯特熔岩地貌的形成过程有着异曲同工之妙。崎岖多山陵的地表形态在湿润的高原气候风化与植被和生物遗迹的堆积过程中逐渐形成了足够供植物生长繁衍的有机土层，萌发成长的新生植物继续着这一过程。无穷的生命力量，在漫长的时间里将高原山地的丘陵逐步演化为充满绿色的丛林景象。

经过早年间长期的地质运动和气候变化，产生的大量存在于九寨沟地下水与地表河流当中的碳酸钙质，在远古冰川留下的遗迹间随着水流沉淀凝固，形成了富集于水流经过地区的白色固态结晶体。经过长久的累积，在流水作用下不断生长的结晶凝块，渐渐高过水面拦阻了水流，形成了平台状大大小小的堰塞湖，而漫出湖面的水流又继续沿着钙质的堰墙淌下，在下方以同样的过程逐渐形成新的堰塞湖。

久而久之，数百万年间一点点形成的梯田状层次分明又彼此交融一体的钙化水道，层层过滤着来自雪山、地下与地上的径流，使得九寨沟的水质透明度极高，垂直能见度高达20米之深的纯净水流早已是九寨沟最让人耳熟能详的美景之一，堪称中华水景之王。

九寨沟主要景区

九寨有"五绝"——翠海、雪峰、彩林、叠瀑、藏情。在九寨沟生活的主要群众,是藏族和羌族同胞。他们和九寨沟的风景一起,形成了这片区域必不可少的一道人文风景。

翠海

九寨沟的主景区长约 80 千米，长海、剑岩、树正、扎如、黑海、诺日朗六处景致是它的主要组成部分。在这里，人类活动的痕迹稀少而浅显，自然环境保持着它最原始的样貌。在山、水、林三景之中，毫无疑问，水是最受益于这一点的。

九寨沟地处四川藏羌自治区内，当地人多称九寨的湖泊为海子，这种称谓一般多见于蒙藏维族同胞的常用语，意指"阔广的水面"。这恰恰与九寨沟那丰富的地表水系相印，那无可计数的或彼此径流相连或隔土相望的大小湖面，恰如一片远方的广袤之海从天而降，分散盈落于这片沟谷当中。

踏上沟谷，起伏的山峦之间便是一处处景色。狭长而婉转曲折的峡谷里，散落着百余个大大小小的海子。湖泊集中放大了九寨之水清秀明澈的特性，海子的水质一年四季皆保持纯净见底，天气晴朗之时更是碧蓝如晶，饱含了高原水域那份原初式自然祥和的净灵之气。湖泊大者浩荡，中者明秀，小者怡雅。

行走于湖畔，山风一起，树木摇曳，湖水拍打着岸滩，与飒飒的枝叶谐作一曲。在这里，森林把它的幽深借给了水，天空把它的广阔放给了水，时间把它的沉淀交给了水。水绵、轮藻、青蕨与那山、那林、那天一起，洋洋洒洒地浮衾在这水中，养酿出几分悠逸与宁静，仿佛数千年前便是如此，数千年后亦是如此。

纯净,是翠海的灵魂。像一块千锤百炼褪尽了底色的塑胚,才好把最秀美、深邃的意义赋予其上。

雪峰

九寨沟共有3条沟谷,形态纷繁复杂的山峰在它们的两侧缀连起伏。九寨的平均海拔原本就高出了海平面三千多米,在这里的峰峦也就如同脱离了凡间的束缚一样密连如林。浮流的云雾萦绕在雪线以上,却无法淹没挺峭的峰顶。于云层之上远望而去,有如一众仙人洒然履步云间。

尕尔纳山,是九寨很著名的一处山峰,旅者行走的游道经过这里,但是对于一般人来说,登上这座山并不容易。崎岖而蜿蜒的山路和高原的缺氧低压环境对于每一个试图征服它的人来说,带来的不仅是躯体上的负担,也是一场考验耐心和精神的旅程。

登上山来,游道末端的石碑和山道是象征着胜利的终点。这里已是雪线,如果从这里回目远眺,人就仿佛在不知不觉中踏过了季节的界限。清湿温润的空气被刺肤的寒意所取代,色彩多姿的世界被苍岩白雪掩去,留下的只有沉重的呼吸和眼前单调的线条。

九寨沟的刚毅一面深埋在这片沉默的雪下,但是昂扬得让云雾也不能逾越。伸入云际的雪峰是九寨沟那些迷人的湖水的母亲。那一切奔腾的、静柔的水在落入五彩缤纷的凡间之前,在这里是如此沉默。也无人能想到,这些沉默孕育着如许的活泼与色彩。九寨沟是多峰的,于是便有了那多得无可计数的瀑布、泉水、河流,多姿多样,形形色色。行诸九寨沟一遭,便如赏遍阅尽了天下的水一般。

叠瀑

流淌于山间沟内的水,是九寨真正的精灵。从雪山,从云中,从地底,在地心引力的感召下,它以一种带有表演欲的、绝对无忌的快乐把自己的一切展现在每一双来到九寨沟的眼睛面前。它的存在和状态是不定性,又是富有创意和奇趣的。

成就它这种无止境演出的是九寨沟崎岖复杂的地形。丰富的水源,使九寨的水从不吝惜在各个地方尽情地展现自己的身姿,从而制造出中国品种与形态最丰富的瀑布博物馆。

对于瀑布来说,山峰与岩层只是前往世界的路径,展现自己的舞台,只有从山脚下才真正开始。每个来到九寨沟的游客对于瀑布的第一印象,基本都起始于那一道道自密林深处不知名的幽暗之处飞冲而出的急流。细者如白箭,庞者如玉龙,然而落地入湖,却又是一番清亮可鉴的明澈。整个森林像是永不停歇的心脏,为九寨沟脉动着鸣流的清澈血液。

九寨沟瀑布中最有代表性的,莫过于诺日朗瀑布。它位于整个沟谷的中下部分,其宽度在整个中国迄今为止有记载的瀑布当中位列第一。宽阔的上游河床位于一片苔藓丛生的翠岩之上,不深,但流速湍急,两岸遮天蔽日的树荫没有能平复和掩盖住这条水流与生俱来的野性。激烈的水流摩擦着岩床的边缘,带着巨大的声响滑泻而下,如同一整幅蜀丝制作的光滑长帛无休止地流坠倾泻。浩荡的声势足以与仅半里之距的海子的宁静浩远判若两地。

彩林

九寨沟是水的珍阁宝楼,彩林就是这座珍阁精美的雕饰。虽然被誉为九寨一地"五绝"之三,但是彩林的概念在这里体现得其实并不如其余四项那么明显。不过从另一方面来说,这也恰恰是彩林令人印象深刻的所在。

九寨沟的水,毫无疑问的是这片土地上最惹眼的主角。高耸群立的雪峰气势磅礴,形象鲜明,引人注目。相对于这两处身在明处的景观,无处不在的森林与草木就显得低调许多。它们是九寨最坚实的守护者。鸟类在林中筑巢,走兽在树下栖息,当地的人们也在林间寻觅和获得自己生活所需之物,从以上种种来看,它们像是这片土地上一切生命的肩负者和监护人。

对于如九寨沟这样庞大的原始森林群落,留给人们的第一印象不外

是深邃、神秘以及幽静,与美丽一词的常规概念有着格格不入的反差。但是实际上,在这森林中,却存在着勃勃的生机。在这片沟谷中,景区的主体深藏在被层峦与原始丛林环绕

的三条峡谷当中，经年积累在树木脚下的枯枝落叶在无数个四季轮回中化入泥土，在微生物和温度与湿度的共同作用下形成了一座良好的生长温床。

按照不同海拔高度和地段，有2 000种以上的植物在这里蓬勃生长，不同季节、不同花期开放的花朵成为九寨彩林一件活的时装。这意味着，一年中绝大多数时候，这里都有盛放的花朵迎接着到来的旅人。在这里，时间的概念被最大限度地压缩了，远古与新生在同一片土地上争相绽放着生命的华彩，共同装扮着这座拥有无限神秘与奇妙的宝地。

在这片土地上，有超过140种以上的鸟类，依靠森林繁衍生息。植物的果实和种子以及森林环境滋养出的昆虫等小动物为它们的生活带来了丰富的食物来源，而茂密的森林又为安全提供了足够的保障。

同样受益于这一点，在川地生活的许多珍稀兽类，包括被列为国家一级保护动物的大熊猫和四川扭角羚等在内的濒危动物，也都在这里频繁出没。这里保存的不仅是原始自然的环境，也越来越被视为一片生命繁衍的乐土。

藏情

九寨有"五绝"——翠海、雪峰、彩林、叠瀑、藏情。在九寨沟生活的主要群众，是藏族和羌族同胞。他们和九寨沟的风景一起，形成了这片区域必不可少的一道人文风景。

藏族是我国主要的少数民族之一，热情朴实、吃苦耐劳是其民族特

点。在藏族民间传说中，藏家祖先最初是由"神猴"与"岩魔女"结合产生的后代，而在古代汉文文献中记载，藏族的起源是我国古代西部边陲活动的羌族的一支，经过迁移和与当地原住民融合之后繁衍发展而成。

藏族主要聚居于我国的西南高原地区，那里多雪峰冰川，这也是为什么人们在看到雪山高原、草甸牧场的时候，最先联想起来的往往就是蒙、藏两族同胞的生活。敖包、哈达、马奶酒和草场上星罗棋散的牛羊马匹，就是传统藏家聚居地的典型写照。

藏族以"博"自称，不同地区的藏族有不同的称谓。西藏东部的藏族和川西大部分藏族通称为"康巴"，西藏以北至甘南青海以及川西一部则称为"安多娃"。两者的通称为"博巴"。藏语中"巴""娃"应用颇多，意为"人"。当地混居的汉族和其他民族同胞有时也有引用，成为当地俚语的一种特色。

九寨沟的藏家群众信奉的是藏传佛教，这种在本教的基础上以佛教文化作为具体体系的宗教倡导平和与仁恕，其精神要旨与生存在九寨沟高原地带的藏族民众朴素、简单、略显简陋的生活环境相符合。生活在这里的藏胞通常以青稞为主食，同时食用的有小麦和玉米。居住的住宅大部分是木材搭建的三层楼房。底层作为畜棚，二楼居住生活，三楼则是奉神修心的经堂。虽然生活环境并不算优越，但是淳朴的藏族同胞显然懂得精神财富的宝贵。

在藏区旅行生活，有一些风俗礼仪的规定与禁忌需要严格遵守。驴、马、狗等动物的肉，在这里是绝对禁止食用的，有些地区对于鱼肉也有着同样的禁忌。在通行的传统观念上，藏族群众视水和水中的鱼为生命逝去和重生的媒介和使者，对于鱼类有着特殊的尊重。在路上遇到寺院、玛尼石经堆和佛塔等宗教设施的时候，也必须遵循从左向右的固定路线绕行而过。除此之外，藏民也非常忌讳被其他人用手触摸头顶和拍打肩膀。这是在藏区旅行做客需要谨记的事项。

藏胞待客礼貌周全，进门多半先以一碗酥油茶敬上，主人倒茶之后，作为客人同样要保持礼仪，需要等待主人双手捧至面前，才能接过来品尝。在主人房间内放置的法器，如经卷、佛像、转经轮、火盆等，都是不可以从上方跨越而过的。

在生活中，处于一些比较正式而隆重的敬酒场合，身为客人，需要先用无名指在酒碗中蘸一点儿酒，向空中轻弹，如此连续三次，代表着告祭天地和祖先。接着轻啜一口碗中的酒水，主人会及时填满，这个过程同样重复三次之后，待第四次主人填满酒碗，就必须一次饮尽碗里的酒。整个过程十分庄重而虔诚，主客双方都能够感受到彼此的敬意和尊重，这也是从世俗世界来到藏区旅行难得的一种独特体验。

结 语

九寨沟的美丽在于它精心保存下来的那份原始的积累,在这里的一切都是无法重复和替代的,更不是以单纯的价格可以衡量的。

一

十世纪七十年代,最初闯入这片天地的那些伐木工人的姓名已然随时光流逝而无人知晓了,但是九寨沟的故事,却从那一天开始与外面的世界发生了关系。世界因它而改变,它也一直不断地被世界所影响。

九寨没有波澜壮阔的历史,也没有弥足珍贵的艺术遗迹。它所拥有的,只有那份被封存了数千年之久的时光的沉淀。在同一块土地上,同样是川地的风景名胜之间,你总能够在其中找到一些被时光雕琢而成彼此相似的痕迹。仅仅百年间,便足以使世界的一切产生天翻地覆的变化,千年的时间,自然更是什么都有可能发生。也许我们今天还在图片和叙述中为之感慨和向往的一切,明天便已然物是人非。

因此,比起感慨那些不复存在和面目全非,我们应当庆幸在一切都还没有再次被改变之前,还能够亲眼、亲手、亲身感受那些幸存下来的东西。九寨沟的美丽在于它精心保存下来的那份原始的积累,在这里的一切都是无法重复和替代的,更不是以单纯的价格可以衡量的。对这份美丽最好的回报,唯有将之盛入记忆,永久珍藏。

三江并流
风景名胜区

　　金沙江、澜沧江和怒江三条江流,在高原下成形,离开青藏高原后,于云南省境内向南流淌而去,穿行于担当力山、高黎贡山和怒山等诸多峻岭之间。

探寻中国自然遗产大宝藏

我国是一个多河流山川的国家，地形地貌品类繁多。在中国版图上流淌着最负盛名的几条江河，大多数是发源于喜马拉雅山下的青藏高原。

怒江、金沙江、澜沧江三条水系，源头皆起于青藏高原。各自迤逦绵延数百千米，在云南省西北的迪庆藏族自治州内流过，行经怒江傈僳族自治州地区，自横断山脉云岭、怒山和高黎贡山中的峡谷穿行而过，被谷底的地形约束为狭窄的一段空间。

在这段长达数百千米的区域当中，数百年来，三条大江的干流各自成行，互不交汇同流，成为世界罕见的三江并流的奇特景观。经过联合国考察和验证之后，于2003年7月被正式列入《世界自然遗产名录》，这也是中国境内面积最大的世界自然遗产。

金沙江位于长江上游部分，是中国著名的水系之一。与同样发源于青藏高原的怒江和澜沧江有着相似的身世和形成方式。有趣的是，远在高原雪山下著名的三江源头之处，平均的水流宽度仅有进入到以不同名字命名的主水道之前的二分之一左右而已。但是在向高原以下奔流的过程中，像是终于跨过痛苦的青春期阶段的少年，那孕育着宽广与浩荡的躯干和肢体，便在沉默中以一种惊人的速度和跨度舒展开来。

金沙江、澜沧江和怒江三条江流，在高原下成形，离开青藏高原后，于云南省境内向南流淌而去，穿行于担当力山、高黎贡山和怒山等诸多峻岭之间，峡谷间地势崎岖，经水流常年冲刷，早已形成深陷的河床和

三江并流风景名胜区

涧沟。在这段区域，澜沧江与金沙江之间最近的距离为60千米，而澜沧江与怒江之间最短的间距，则仅有不到19千米。三条大江在这里依次并排平行流淌，却从未有一处交汇合流。这一奇异的平衡，在总长度达170千米、面积愈3 500平方千米的流域里一直保持不变，形成了令人称奇的自然地理景观。

三江并流的自然景观，由三条流传广远的大江和整个流域的山脉组成，涵盖和包括的范围达170万公顷。近可穿越迪庆藏族自治州、怒江傈僳族自治州，远可抵云南省丽江市，全区域包含了9个国家自然保护区和10个地市级风景名胜区。

在这里，生活着超过15个不同的民族，有着截然不同的文化和自然地理环境。整个区域地处南亚、东亚之间，背靠青藏高原，属三大地理区域的交汇断连之处，堪称世界上除非洲和北美洲以外罕见的高山地貌及其衍生地理现象的代表者。得益于广阔而复杂的覆盖区域与地理环境，这里也是世界上生物种类最丰富的地区之一。

三江并流的历史背景与地质特点

传说的原型——同样美丽神秘的真正的香格里拉,正位于云南三江并流地区。这里也是我国著名的国际古代商旅走廊——茶马古道的发祥之处。

三江并流的历史背景与地质特点

早在20世纪20年代,美国人洛克曾经来到这里,为美国著名的《国家地理》杂志撰写文稿、取景摄影和收集动植物标本,整个过程历时二十余年。英国人希尔顿以香格里拉的历史和自然环境为素材创作了一本名为《消失的地平线》的游记。这两个人共同缔造了全世界人们心目中的香格里拉形象。

从古至今人们口耳相传的世外桃源中,香格里拉毫无疑问是其中最富有梦幻色彩的一个。无论是欧洲还是亚洲、美洲,人们对这个名字都是耳熟能详的。在这个奇妙的境地,山麓遍布草木,河流四下环绕,生活美好富饶,人们与自然和谐相处,其安宁幸福与世无争的景象被世人所传颂和向往。而实际上,传说的原型——同样美丽神秘的真正的香格里拉,正是位于云南三江并流地区。这里也是我国著名的国际古代商旅走廊——茶马古道的发祥之处。独龙、哈尼、藏、彝、怒等16个少数民族在这里繁衍生息,近290种动植物在此栖息生存。

这里是欧亚大陆生物种类和地理人文奇观集中存在的汇总所在,也是探险家和科学研究者们梦寐以求的终极乐园。从1911年起至1950年,英国植物和地理学家金登来到中国云南,在这40年间,一共进行了8次长时间的考察探访,主要探索了藏东(南)至滇西等荒僻难至之处。

不得不说,这是一位非常典型的具有当时那个知识狂热年代人们所特有的探索精神和冒险精神的学者。这位科学家在三江流域进行了长久的考察验证后,通过仔细对比地貌地质和搜集到的水文数据,他得出了金、澜、怒三江年平均径流流量比例的大致观测结果，并对玉曲河转向处以下的三江间距进行了测定，得到了平行纵列流淌的三江之间距离最紧凑处仅有80.5公里的数据。金登成为历史上首位对这一数据给出了最初精确测定的人。同时，他也成为最早发现并见证"三江并流"这项世界地理史上的奇观的外国科学家。

地质特点

云南一带，自古是多民族交相混居之地，也是从古至今边境内外贸易与民事来往的重要关隘窗口。20世纪80年代，联合国教科文组织通过一幅卫星遥感地图确认了这片三江并流奇妙景观的存在。而后经过不断勘探、归纳、总结，规划了现在的整个区域版图。三江并流流域包括云贵一带几条著名的主要水道，怒江、独龙江、澜沧江、金沙江都在其中。沿途有8个主要景区，下辖六十余处专项景点。

这是一处绝对无法在短短的一次旅行中就可以览其全貌的景观。滇西北横断山脉纵谷地势狭长，伸入两省交界处数百千米，三条大江于此并流而下。犹如三条游转蜿蜒的银龙之脊，绵延隐现于险峻的峭壁之间，而这只是整个三江景区所有宝藏的冰山一角而已。

三江并流的历史背景与地质特点

从海拔接近 6 800 米的卡瓦格博峰一路而下，到海拔 760 米的怒江河谷。受海拔气候高低差异的影响，不同区段的自然环境和气候差距极大，彼处山花烂漫，此处却有可能是高松寒柏，此处阴雨霏霏，彼处却可能刚刚历经一场鹅毛大雪。

三江并流景观位于青藏高原之下，流域涵盖的区域包括了青藏高原的一部分，其中存在着保存完好、种类丰富的历代地质活动遗迹。这些痕迹有的直接显露于地表，有的在土壤岩石间以化石或地质岩层的形态被风化剥蚀或人工开掘的力量所展现出来。它们是现存见证和反映世界地壳板块在数千万年乃至数亿年时间里演变的无声证明人。

根据科学界的推测，距今 4.1 亿年前的晚古生代，这里的高山河谷与森林并不存在，当时是一片广阔无际的浩瀚古代海洋，属于特提斯古海洋的一部分。这片土地和彼时还没有开始生成的喜马拉雅山一起静静地躺在海底，强大的海底火山运动一刻不停，在积蓄孕育着即将到来的一连串喷发所需要的力量。今天，通过观察在本地发现属于超基性岩与古代深海放射性硅质相沉积组成的蛇绿岩和属于基性岩的辉长岩、辉绿岩等，从科学上验证了这种推想。

在远古时代，这里曾经有着与现今海洋中脊附近海底洋壳十分相像的环境。带有复杂成分的不同类型的岩浆类岩石，如玄武岩，忠实记录了这里各时期岩浆活动的特点与发生位置。视海底火山的活动状态和时间阶段，岩浆活动的规模不一而足，演化模式也多种多样。

山间广泛存在的变质岩、混杂岩等与岩层中的变相、节状、纹理、断裂等构造变形与不同深度、不同区域的地层间的深大断裂系统证明，这里的深层地质活动比较激烈，上层保持着基本固态的地层遭受了来自地下深层力量带动的强烈挤压。

在这个过程中，洋壳逐渐消亡，地层被来自不同方向的力量压缩、重叠，板块逐步拼合连接起来，最终引起明显的地壳的起伏变化。土地隆起，排开海水，曾经的海底逐渐露出海面暴露在空气当中，搁浅死亡的海生动植物的尸骸有一小部分保留在干涸的土地上，其余的或者被埋入地层，或者被隆起的山峰带入高空。

以上所描述的事件，全部发生在古代海洋特提斯消亡演变的过程当中。在远古时代，漂至此处的印度大陆板块与欧亚板块碰撞拼接，距离的对冲和挤压力量引起了名为"造山运动"的地质变迁，喜马拉雅山等一系列山峰因而从海底平面堆积隆起并不断生长至今，同时形成的还有横断山脉，这些地质景观的形成演化历史，都可以在这片区域的地层当中找到适用于诠释的佐证。

地质运动力量造就的变迁，成就了这片山区和它所倚靠的青藏高原最初始的样子。三江并流地区多形态的岩石，种类繁多的地貌景观以及地质构造的丰富细节，使之成为一处天然形成的档案馆。记录和印证了古代海洋与海底火山运动，以及庞大的印度板块与亚欧板块对接碰撞的过程，并为这种变迁引起内陆地带一系列规模庞大的山麓崛起的造山带的生成提供了依据，也是青藏高原诞生至今的地理历史的重要物质遗证。

三江并流景区的生态状况

许多中国所特有的罕见动物都在三江景观区域以内有活动踪迹，超过80种在中国动物红皮书中都榜上有名，其中20种是被列为濒危物种的。

川滇一带,自远古至今,历经了地表冰川和无数次强大的地质活动的塑造,形成了今天的面貌。土地的年龄混杂着新生和古老,上面存在的生命种群也随之变化,包含了不同年代新地理环境下诞生的和从古代不同时期所留存的这两类,而遗留下来的和新生成的部分之间,又因为地理交接形成的生态交流而演变出区别于两者的次生种群。再加上水土异常丰茂和广阔区域内复杂地貌,导致环境所呈现的多样性,邻近地区的异地生命也迁移其中。在这个地方,纷繁复杂的生命种群无时无刻不在进行着渐变和演化,也在无意中以它们自己的方式改变着这片土地。

仅以生物的多样性而言,位于中低纬度山地地形的三江并流区域可谓得天独厚。被提名自然遗产的整个有效区域内,动物群落的区系中,超过一半属于地方特有区系,带有明显的滇西近高原一带的生物特征,抑或属于喜马拉雅山脉毗连横断山脉型一线山区的动物种群。

在崎岖复杂的地貌间保存下来的古代区块,为该区域内发现为数众多的濒危珍惜物种和旧时期残遗生物群落的规模提供了机会。

这里是一片真正的宝库。全中国数量超过 1/4 的生物种类都可以在这里找到。从广袤的高原一路向下,由茂然遍布山野、气候清湿的丛林到绵延数百里的干暖河谷,从特有的动植物到种类几乎无以计数的微生物和昆虫,其多样性和活性在整个北半球区域范围内亦足以令见多识广的学者瞠目。

三江并流景区的生态状况

许多中国所特有的罕见动物都在三江景观区域以内有活动踪迹,超过 80 种在中国动物红皮书中都榜上有名,其中 20 种是被列为濒危物种的。而在国际自然与资源保护协会的世界濒危动物名录中,则有 50 种以上被列入其中。

除了浩浩荡荡流经数国的江水得益于数亿年前的板块运动,架连桥接于东亚、南亚和青藏高原生物地理分布区块之间的地理位置也是这里能够成为东亚第一生物种群王国的原因。区域间漫长的边界沿线只存在于法理和地质学的划分上,逐水草丰饶之地而居的天性,使得不同区域的生物们尝试着离开自己原本世代居住的土地,通过地区间的过渡地带,向着江水发源之地逆流循上,最终来到这片环境适中的栖息地。

第一批由外界来到这里的动物,很可能是生于邻国的擅长长途迁徙的候鸟,偶尔在这里歇息落脚之时,身上和排泄物中所携带的植物种子留在了这里的土地上,在温和的气候中发芽生长,开枝散叶,成为在这里的第一批"永久居住者"。

数百年后,成片生长的异地树木成为这里环境的一部分,打造出了一片与其原本生存环境类似的区域和生命走廊。这引来了同样在森林中生存的动物们的集体落户,与本地原有的生物相生相容,最终形成了又一处既有本地化,也具有其特色的生态系统。

这是一个充满浪漫生机的过程。如今,绝大多数珍稀和濒危的动物都生活在三江流域的西部地区,尤其是位于与缅甸交界处的高黎贡山和位于澜沧、金沙二江夹流之间的云岭山脉地区,也从侧面证明了这种情况。

　　总体来说，三江并流区域现行生态环境是由气候、地形、地质以及生物迁移所共同创造的结果。活跃的地质变化与板块交接所形成的物种交流促进了现在该地区生物的高度多样性，地区原本温暖适宜的环境与季风所带来的整体大环境下彼此相似的气候使这种多样性得以长久保存和持续下来，至今仍然没有停止。

三江并流景区的
　　　　　山岳群

　　在三江并流区域，有中国形态最为丰富的山岳群之一，在这片湿润并充满了起伏的地带，遍布的山脉铺延了几乎整个流域，如同休眠于此地的巨人，为脚下绵延流淌的江水支撑着这片多雨雾霜雪的天空。

大宝藏探索系列丛书

探寻中国自然遗产大宝藏

在三江并流区域，有中国形态最为丰富的山岳群之一，这片湿润并充满了起伏的地带，遍布的山脉铺延了几乎整个流域，如同休眠于此地的巨人，为脚下绵延流淌的江水支撑着这片多雨雾霜雪的天空。

哈巴雪山区

这是云南著名的高山之一，主峰的海拔高度在5 300米以上，山体形态饱满挺拔，巨大的浅灰绿色山体远观过去，形如顶部被冰雪覆盖的不规则锥状钝塔。在金沙江流域以内，它是一处自然形成的最为典型的高山垂直带景观。从山脚下气候温暖的亚热带河谷到高山寒带区域的各式植被划带区分醒目，种类齐全。

作为世界自然遗产提名地，哈巴雪山拥有着带有复杂的中国喜马拉雅特色的寒温性针叶林，这是构成哈巴雪山这片自然保护区山地生态系统最为重要的组成部分。

与玉龙雪山相同，哈巴雪山是我国纬度最南的现代海洋性冰川遗迹所在地。山顶雪原地带发育着现代冰川，散布在海拔5 000米以上的区域当中，带有明显的海洋性温室冰川的特色。分别被命名为黑湖、湾海和黄湖的高山冰碛湖，同时存在于该地区当中，属于大理冰期时的古代冰斗屯留积水而成冰川的遗迹的一部分，是三江并流区域这片自然遗产当中唯一陈列了"大理冰期"时代冰川遗迹的特殊景区。

三江并流景区的山岳群

梅里雪山区

梅里雪山,除了保留样式丰富、种类繁多的不同时期地质活动遗迹,也是澜沧江流域上游部分典型地貌特征的集中展示区域。它的面积较为广大,包括横穿整个保护区的滇藏公路的一部分。公路穿越这片山区,是连接云南与藏区的重要交通往来通道,也是进入和游览梅里雪山保护区的主要路径。在这里,不仅仅有普通的高原雪山景观,更是三江并流区域最具代表性的珍稀生物种群——滇金丝猴的原始栖息地和发现地。

和缓的山麓以上,如附近的其他山峰一样,梅里雪山的线条自此开始逐渐拔升、渐陡。掩入云雾的雪线以上的部分,宛如在土耳其浴室浸漫浮流的蒸气当中崛起的一方背脊,但上方山菱的形态并不是"男性"般块垒高耸,反而更有一种"母性"般沉默而让人意想不到的沃广。

轻轻扬起的峰尖沿着耸起的山背平向并没有延伸得太远,便迎来了一片深而缓的卧弧形状的落势地形。在云雾稀少且有阳光的日子里,从这片形态奇特的峰头远看过去,又像是一幅带有印象派风格的头颈被肩背线条完全融

061

探寻中国自然遗产大宝藏

入其中的环臂托抱的静态人像,默默地眷守在这片土地的东北边沿上。而雪线与下方林区那犬齿交错、起伏绵延近百千米的过渡地带,就是滇金丝猴所经常出没的地方。

与哈巴雪山不同,位于澜沧江畔的梅里雪山古代地质和气候的遗迹显得更加丰富多彩。古代大洋底部陆地与深海海床的遗迹在这里保存得相对完好,得益于此,同一时期以及后期生活与这片区域的生物遗骸也获得过很多发现。

令人称奇的是,在这里,古代冰川运动的痕迹以及远古时代造山运动引起的地质现象,甚至现代冰川和冻土的发育带,也在这里大量出现,是三江流域世界遗产提名当中项目最为集中的地质遗迹保留区域。

千湖山区

三江并流景区位于高原地带,山地崎岖,限于地形和气候的原因,在这片地带,固定的有规模的湖泊较为少见,千湖山区却成为其中的一个例外。这里位于金沙江流域,迪庆自治州的西南部,州下辖数个乡镇,上江乡便是得名于山脚下滔滔流过的这条江流。

在小中甸以及上江乡与小中甸交界处以里数十平方千米的这片区域内,就是千湖山区所在的位置,也是金沙江畔原始植被和罕见的高原湖泊集中存在的区域之一。

千湖山区号称千湖,其所指代的并不是如我们平时生活中所常见的地表水或地下水的积水湖泊,而是由积雪地带的冰川和海拔共同作用下

形成的高山冰蚀湖。根据当地统计结果显示，大小不一，形态各异，可以被称为高原湖泊的水面在这个区域共有一百二十个左右。

其中最有代表性的湖泊，莫过于碧古天池和位于海拔略低地带的三碧海两处。其分布密度之大，湖泊形态之复杂，加上特有的高山清澈水体，使人恍如踏入了有"天然水乡"之称的九寨沟。但环绕附近的云杉和冷杉粗壮的倒影与清冷而略显干燥的气候会提醒你，这里已是真正的高原地带。

这片区域属于千湖山区所特有的高原森林湖泊景观，与周边茂密的灌木林、高山草甸以及杉木等高山特有的巨大乔木共同组成了一片结构和成分特殊的高山生态系统。

与低海拔地带那密集如墙篱般密不透风的原始丛林不同，这里的树木之间错立相对，彼此留下的空间足够彼此伸展至最宽广处的冠盖枝尖，树干挺拔伟立。相对良好的透光性保障了灌木与苔藓的生长，地上厚密的落叶和枯草层在保护着土壤免受山风剥离的同时，也以自身滋养着土壤。丰富的昆虫等生物，使这里成为鸟类和小型啮齿类动物（如松鼠等）的理想栖息地。

疏密相间的森林脚下，有着无限的生机。这里丰富的食物、水源和理想的环境，成为一大批珍稀动物觅食栖息的家园。在藏族同胞一些文化传说中被称为"牧马鹤"的黑颈鹤是其中的明星，如果有旅者在一个晴朗的天气下经过这片高山森林某个湖畔的草地与泽滩，可以看到这些体态纤长优雅的禽鸟三三两两悠闲自在地履步其间，湖水倒映着天光和

它们的身影,那便是一派伊甸园般的娴静安详。

高黎贡山区

数亿年前,印度大陆与欧亚大陆相撞。板块的冲击导致的俯冲制造了绵延4个国家的漫长大陆缝合线地带。在这条在地图上显示为东西走向的不规则线条上,分布着几乎与之等长的著名的深大纵裂谷地形区,位于三江并流流域保护区内的高黎贡山区就是其中的一部分。

高黎贡山,即便没有什么旅行经验的人也能够看得出来,这个名字带有很明显的滇地少数民族语系特色。也许仅仅看到这个名字,就足以让人联想起云南这片神奇的土地和在这里生活的那些少数民族同胞们。

"高黎贡"这个名字源于景颇族对这座山的称呼,在景颇族语言中,"高黎"是本族中一个家族的名字,而"贡"就是山的意思。这种记名方式和很多多民族杂居地带常见称谓通用的习俗一样,成为一种生活交流中默认的共识,沿用至今。现在,它也成为这座山在国家地理目录上的官方名称。

高黎贡山地理上位于青藏高原南部,面积逾12万公顷,这使它拥有了在三江流域列居第一位的雄伟宽阔的体格,也使它成为三江并流区域世界遗产所有提名地范围内最大的自然保护区。

海拔高达4 000米以上的山体成为横阻西北寒流与来自印度洋的暖流之间的一道天然屏障。特殊的气候环境形成了在低纬度高海拔地区中一片典型的亚热带气候区域。适宜的气候和相对封闭、完好的环境,使这

三江并流景区的山岳群

里成为三江并流区域植物物种同时存在数量最多的地方,其中沿东西走向生长着绵连的常绿阔叶林带,堪称整个东亚地区保存最为完好和规模最大的一处原始阔叶林区。

很难准确描述此山区最核心的景观究竟是山还是谷。受益于集结了南北两大股相异气流的山脉所形成的优越环境,在山脚下的河谷怀抱里孕育了这片生机盎然的绿色地带,这一切却深藏在山脉的背后,并不肯轻易"展示"给外来的人们。因此,对于首次来到这里的旅行者的第一印象,往往只是怒江江畔一片平静水域所半环绕的这座形态硬朗、清秀的山。

探寻中国自然遗产大宝藏

从青藏高原发源后迤逦而下的怒江之水，在奔流了数百千米的距离之后，在这里迎来了它整个旅途当中的第一处"休憩之地"。高黎贡山的山势挺拔、健硕，常年温暖湿润的气候使山体自上而下呈现出富有生机的色彩，随着光线和天气的变化而不断发生着微妙的改变。

山脚下被江水冲拂而成的一片平坦地势从视觉上凸显和增强它的形象美感。这片平坦中，有一块平滑如镜、宽荡如涯的部分，这就是被称为怒江第一湾的高黎贡山湾。若在天气好的时候逆流而上，来到这里，可以看到明可鉴人的河湾与云天共成一色，实为绝景。其间只见，地平线上，指天矗立一派伟峰壮秀；在水中，亦存有一方玉翠山峦。

高黎贡山奇特的地形不仅形成了外奇，也包含了内秀。亿万年来复杂的地理变化不仅培育出了这里丰富的物种，也给予了它不输于其表面上丰茂生动的林海雪原的另一种瑰丽秀美。

在河湾末端，被比邻而立的两座山体夹接而成的流道旁的石月亮景点，是怒江流域当中最具代表性的高山喀斯特溶洞景观。

由位于山脚的岩层处的缝状洞窟出口起始，向山体内倾斜延伸的溶洞内部由窄而渐渐转为开阔，笋状钙质岩块浮凸的地表和从上方岩壁垂下的钟乳被富含了从山体内携带出的矿物质的水常年浸润，变得光滑平润，仿佛融化到了一半被时间不完全封存住的冰雪建筑的内部，在以极其缓慢但不停息的速度悄无声息地改变着自己的形态。

三江并流景区的山岳群

红山区

三江流域地区留存着大量的古代地质和气候变迁所留下的遗迹，沿着远古板块交界和海拔的走向，由高至低，以不同程度和类型分布在整个区域当中。其本身种类的丰富性和细节形成的复杂性，决定了想要在有限的时间和涉及区域当中比较完整地浏览到这些地质遗迹是非常困难的。在这种情况下，三江流域下辖的红山区的价值就显得尤为可贵了。

仅从数据上来看，金沙江可以说是在三江并流的三条水流当中与高海拔地区绵延地带距离最远的一条。在其流域中所经过的高原夷平面地貌与高山喀斯特式地貌在红山区都各有体现，这也是红山得以成为三江流域地质遗迹种类保留数量最多一处景区的原因。

整个区域平坦与崎岖共存，其在相对集中的区域内出现的复杂多变，让往往是其他区域各自单独拥有的高山草甸、雪山、冰蚀湖泊等等在这里成为几乎移步可见的景观，也促成了这里丰富多样的植物生态系统。

尼汝南宝草场是红山区一片典型的高原草场，其平坦的地貌与茂密的草甸植物环境让人几乎难以相信自己是置身于高山地带；而在相距仅数十千米的南宝河附近，却有着整个三江景区所有属于第三期时代冰川的遗迹中发育最为完整的古冰川地貌。在它们背后，隔着一片针叶乔木与高山灌木形成的森林背后的山麓当中，是一座碧波沉静的高山湖泊。由于地势多变，地形变化幅度也较大。

在高原气候影响下，多种因素的随机结合使这片相对小的区域内形成了彼此差异性极大的不同景观，使这里成为混有了整片区域地理基因的特殊集合体。

很难用一句话概括这里所拥有的全部景貌，虽然没有雪山险峰的巍峨高远，也没有原始森林的幽广深邃，但是它用自身作为载体，密集而广泛地记录了在这片土地上曾经出现过的那些岁月的痕迹。红山的美丽不在壮观，而在精彩。

云岭片区

怒江兰坪县，在云南一带的县级地区当中是一个比较特殊的存在。从地图上来看，其横向地理跨度包括了澜沧江的一部分，上触怒江，下及作为澜沧直流的通甸河流域。

这标志着它拥有着两条江水在这一地段各自所属流域范围内的绝大多数物种特色，以滇金丝猴为代表的珍稀野生动物的出没更加突出地证明了这一点。因此，云岭片区也是正在处于建设中的云南省级自然保护区的中心。

滇藏一带所特有的滇金丝猴至今总体数量稀少，现阶段最新统计的有效数字仅有不到 2 000 只。但是由于哺乳类动物所特有的各自划定领地的生活习性影响，也由于大部分地区有着适宜其生存的气候和自然条件，其分布比较分散。

三江并流景区的山岳群

目前经过评估，初步确认栖息于这片将要作为保护区规划的区域当中的滇金丝猴共有约4个猴群。单只数量累计可达全国境内存活的滇金丝猴总数量的1/10。根据对比其分布的地理区域来看，这可能是滇金丝猴分布最南的一组种群。

相对于景区内高海拔地带的雪山等地，云岭片区所在的地域环境比较温和宜人。温润的河谷地带和相对平缓的地形为湿气和水分提供了充分的交换空间，在这些因素共同形成的亚热带气候条件下，保护区内的森林覆盖率接近80%，参天的古木和绵亘的藤蔓无处不在，与温带雨林存在着某些相似之处的环境让林中的灌木和植物潜藏着蓬勃的生长能力。

在夏季多雨时节于林中所开出的道路，两天之后就可能会被重新生长出来的植物枝叶遮挡得踪迹难辨，所以千百年来少有人的足迹涉入其中，让整个森林保持在一种相对完好的原始形态下。

繁茂的森林，为这里动物的繁衍提供了最佳的环境。限于环境影响，除了鸟类、爬行类之外，栖息于地面的大型肉食动物在全部28种生活在这里的哺乳类动物当中所占比例相对稀少，更加适合在这里生活的是善于在枝叶茂密的林中攀援与穿梭奔跑的中小型动物。

合理的生物链结构维护了这里的勃勃生机不致衰减，也给人们保留了观望自然原生态世界样貌的一个天然教室。

老君山区

老君山位于金沙江流域的下游部分，这里也是三江并流区域的地理下段。从青藏高原源头延伸至此的江流在经过这里时，已经变为一片浩然的湍流。

沿着自亿万年前的史前地质活动形成的古老通道濯荡激扬，河床边从风化剥离的山岩上掉落到这里的石块，外表经河水拍打冲击成为平缓圆润的形态，安静地卧在河岸纷繁的灌木枝叶下面。

这里依然属于高山地区，流水和冰川在这里留下了与其他山区不甚相同的特征。相对温暖适中的气候环境映衬了这里地貌特色中更多平缓的成分，但这不妨碍它展现出多样的地理形态。冰川溶洞，成片出现的高原冰蚀湖，在此特有的高山丹霞地貌，分庭抗礼地各自形成了老君山整个景观区域的几大部分。

特别值得一提的是作为丹霞地貌核心的黎光丹霞地貌片区。它是整个三江流域提名区域内最为集中的典型高山丹霞地貌区域，发育完好，

三江并流景区的山岳群

大地域的高原草甸带形成的高山牧场，在较为平坦而漫长的山脚地带开始出现上升迹象的最初阶段渐生出来。

有趣的是，因为海拔的缘故，即便在一年当中绝大多数时候都处于温暖的气候当中，这里杜鹃开花的花期也没有获得特别延长，零星起于5月末，烂漫于7月，而当最后一朵花从萼间萎缩凋零的时候，时间也大约刚好在10月正中。

老窝山区

同样位于整个三江流域的景区下段部分，老窝山地处澜沧江下游流域迪庆藏族自治州的维西傈僳族自治县境内，浩瀚的澜沧江从此穿境而过，这里也是整个景区当中地理位置最具有藏边风景特色的地带。澜沧江在这里与距离数十千米外的怒江隔山相望，江畔西岸的地段是景区主体所在。

相对于之前所描绘的几处景观，这里还是一片未经开发便成为成品的景观资源，仅仅在规划图纸和资料上被冠以准确名称的区域。除了当地人，游人们很难有机会踏足这一区域进行游览。

事实上，这里占地面积广阔，与老君山区类似的气候环境和地理结构，让这里在拥有同样种类景观的同时也更大限度地提升了它的包容性与内容的丰富性。迄今为止，根据历次勘探和考察的结果来看，这里除了在整个景区海拔相对较低的区段所共有的高山草甸、冰蚀湖与灌木林之外，也拥有诸如高山冰积湖群、冰川溶洞等特殊的自然地质遗迹，有着更加广阔的开发价值和前景。

从高地俯瞰下去,澜沧江的一条二级支流——拉洛河,流过这片地带,河的两岸从河滩起始向内呈斑式分布着大段钝状过渡的地坪。这里的森林并不十分茂密,虽然湿气的传递效率因此相对减缓了很多,但是好的光照为灌木和低矮草木带的生长提供了最佳的条件,种类繁多的野生花卉原种在这里茁壮繁衍着,为沿河两岸的地带增添了绮丽的装点。繁茂的草甸和灌木成为小型哺乳动物的生存乐土。

这里毫无疑问是一片拥有迷人魅力和生命力的地方,漫长的时间落下的尘埃没有把它们埋没下去,反而提炼出最朴素、纯净的一面,自成一派地在这里默默静候,只待有步入其中的人为此留下一句专属于它们的赞言。

结 语

　　严格来讲，"三江并流"并不是一个单纯的景观名称，而是一个涵盖了复杂而具有层次性的地理及生态研究价值的自然与人文历史景观系统。

三江并流自然遗产名胜区包含的自然地理遗产丰富，遗迹来源的历史久远，但申遗历史却并不算太长，1988年，国务院批准将这里设立为国家级重点风景名胜区，从1998年起，中共云南省委提升和发展本地形象与地区和国际作用，提出"全面建设云南"的战略目标，云南省政府加快了"三江并流"区域申请世界自然遗产的脚步，至2002年经国务院领导批准，"三江并流"作为当年中国唯一的申报项目，送往联合国教科文组织世遗中心。经过当年国际自然保护联盟的工作人员实地考察之后，于次年6月，以入选世界自然遗产4项指标全满的结论向联合国世遗委员会推荐，终于成功地将这座远古自然地质宝库列入了《世界遗产名录》当中，为"三江并流"捧回了它当之无愧的桂冠。

严格来讲，"三江并流"并不是一个单纯的景观名称，而是一个涵盖了复杂且具有层次性的地理及生态研究价值的自然与人文历史景观系统。相当于一处被完整保存着、从远古至今、与世界相连却又可以说是独立存在的"空间活体自然演化标本"。它所特有的广阔和完好与人们从法律和文化上投入的细心维护，保证了这片土地可以按照它从亿万年前形成时起至今一直以来，在不受到人类过分插手干涉的自行发展变化的轨迹上继续正常发展下去的生命力。在这片古老的土地上，原始的依旧原始着，人们尽职尽责地照看着它，希望直至几百年后，也依然可以在这种保护下，以这一种另类的方式继续将它的面貌保持下去。

大熊猫栖息地

　　四川大熊猫栖息地，位于四川自然植被最为茂盛的地区，包含四姑娘山、夹金山山脉一部以及卧龙地区，下辖7处国家级的自然保护区和12个风景区。

我国自古以来就是一个幅员辽阔的国家，无论什么年代，这片广阔的土地都慷慨地以它所蕴藏的丰厚资源与物产，为在这里存在的包括人在内的丰富物种，提供着它们所需要的一切，让它们得以在这里繁衍生息，演化发展。到今天为止，依然有数千种动物以及种类无可计数的植物在这片土地上生活着。

位于我国版图中央偏下部的四川省，古称蜀地，所处纬度较低，气候常年保持温湿状态，自然环境条件优良，森林和植被覆盖比例较高。多山和峡谷、沟壑相互毗连构成的崎岖地形限制了大规模地面交通设施的建设和发展，也在一定程度上保护了这里原生态的自然环境，使之成为了我国目前原始地质活动和地貌遗迹与高原风景名胜分布最为集中的省份，也是国家乃至世界范围内多种珍稀和濒危野生动物集中出没的地带。这其中，就包括了著名的四川大熊猫栖息地。

四川大熊猫栖息地位于四川省腹地，所覆盖的整个区域方圆广阔，边沿抵接川藏交界地带，西端连接和包含了阿坝藏族羌族自治州和甘孜藏族自治州在内、东北则远至四川较大的雅安市和省会成都市的一部分，总占地面积达到了9 200平方千米以上，地跨4个地级行政区块内的共12个县和县级市。

该地区是全球最大、区域最完整的大熊猫栖息地，去除纳入动物园和其他特殊科研与保育机构的大熊猫外，全世30%以上的野生大熊猫都栖息于此。20世纪90年代中期，经国务院批准，四川省政府正式向联合

大熊猫栖息地

国教科文组织提请申报世界自然遗产，经过国家十余年间不断地规划与整理，整个保护区的区域划分和功能配置逐渐清晰起来。2006年7月，四川大熊猫栖息地通过了联合国世界遗产委员会审核，顺利进入《世界自然遗产名录》当中。

特色

四川大熊猫栖息地，位于四川自然植被最为茂盛的地区，包含四姑娘山、夹金山山脉一部以及卧龙地区，下辖7处国家级的自然保护区和12个风景区。

这里年平均温度基本在9℃左右，湿度较高，低海拔的沟壑与峡谷地带常年保持亚热带气候，与古代第三季时期的热带雨林颇有相似之处。

同样的气候特征，也演绎出了相似的生态环境。而在高海拔地区内，冬天也有正常降雪。受这样的复杂地理和气候影响，生长在这片区域的植物种类繁多，除了本地原生品种之外，还有许多在特定位置生长的，体现出他地气候环境特征的后来植物种群，出于种种原因于不同时期在这里落户生根，并在这里的环境下另行演化出一套以其自

077

身为中心的生态系统，诸如高海拔地区生存的常绿针叶林带生态区。拥有如此优良的植物环境和生态系统，也是诸多珍稀动物种类可以生存于此的主要原因。

这里是一片生命的乐园，是容纳包括崇州、邛崃、都江堰、天全、宝兴等在内的12个县及县级市的庞大区域，辽阔而又起伏多变的地势给予各个物种足够的生存空间与充足资源。除了野生大熊猫之外，根据地理和海拔的不同，也分布着小熊猫、野麝、云豹、牛羚以及雪豹等多种濒危动物。食物的充裕和生存空间的广阔让这里成为它们理想的繁衍生息之地。

区域和馆舍划分

在新中国成立后，从20世纪50年代中期开始，经过我国第一代生物工作者们对四川大熊猫活动与繁衍进行初步观测和调查工作之后，1963年分别于四川阿坝的汶川县与雅安市下属天全县境内先后设立了以观测维护森林生态系统和保护大熊猫为主要目的的卧龙自然保护区，以及以保护大熊猫、牛羚等珍稀野生动物的喇叭河自然保护区。

在初始阶段，由于预算和研究深度有限，两个保护区无论是工作设施还是研究设施还都处于非常初级的状态，基本只具备简单的处理和观测能力。为了改善这种情况，我国的政府与科研工作者们在后来的研究中投入了大量精力和物力对机构与设施进行不断的后期补充升级，来应对这里的种种实际需求。

但是，随着对大熊猫和其他珍稀动物的活动情况和范围掌握得更加具体和详尽之后，仅有的两个保护区的应对能力和观测管辖范围远远不足以掌握全局，增添新保护区的需求与日俱增。

根据这种情况，经上级相关部门研究后，1975年，蜂桶寨自然保护区成立，这个保护区位于大熊猫出没较为频繁的雅安市下辖宝兴县，以当地位于保护区工作设施不远的一个少数民族村寨的名字命名。自当年4月成立时起，正式参与到川地大熊猫自然保护区的行列当中来。这个保护区的成立带有一定的实验性质，规模和观测范围比较保守，比前两个保护区略小，因此职能也稍显有限。

20世纪90年代，随着改革开放和与世界文化接轨的同步深入进行，也是由于经济状况逐渐优化带来的便利，国家开始有精力和机会对四川这片大熊猫故乡的自然环境保护给予更大的重视。

1993年，除了开始对已有的3个自然保护区进行再度全面升级行动之外，于纵跨芦山县和大邑县两地的一大片区域内成立了一个新的自然保护区，命名为黑水河自然保护区，依然是以保护大熊猫和森林生态环境为主要任务。

有力的政策和预算支持保障了对整个川地大熊猫栖息地范围与综合环境状况的科研项目的全面推进，根据积累的勘探资料和后期补充的具体情况，从此一鼓作气，分别于1995年、1996年、2000年各在康定县、小金县和汶川县又成立了金汤—孔玉区、四姑娘山区和草坡区3个自然保护区。人员的编配与科研设施器材准备齐全，物资充足。其中建立于

汶川县境内的草坡自然保护区与同样于此成立的卧龙自然保护区，同样以维护大熊猫栖息环境和族群生存情况监控为主要任务。成立于两个世纪的老新两代保护区比邻互通，共同支撑起这片大熊猫的摇篮。

地理人文

四川境内的民族种类较多，在这片与云贵高原、青藏高原接壤的广阔地域上共生活着14个以上不同的民族人群。由远古地质运动形成的崎岖起伏的地形，不仅区分了这里物种的分布和各生态系统所在的区块，也从侧面上成为不同民族聚居区域之间天然生成的地标与划界。

随着时间的推移，各民族之间在不断地杂居间缩小了区别，随着在这片地区靠近城镇地区道路的增加和优化，各个人群聚居区之间也逐渐由原始的步行马乘变成了以摩托为主的交通方式，但在一些居于山野深处甚至连县乡的边沿也相距甚远的村寨，依然过着只能依靠步量的方式进行与外界之间的人员流动的生活。让人们知道，"原生态"这三个字在这里，并不仅仅是属于大自然的形容词。

2008年在这里发生的一场来自大地深处的灾难，让几乎全世界人记住了汶川这个原本在中国境内仅仅是经常出现在四川旅游画册上的名字，也记住了中华民族在危难时刻所爆发出的超强动员力与热忱。

无论国力强弱，关系好坏，来自全世界各地同胞们的关怀与爱心都汇聚于此，这份滚烫的热流将这里点亮，成为历史上一簇永远无法磨灭的善良光辉。

汶川的总面积在4 000平方千米以上,地理上位于四川盆地边缘地带,在四川大熊猫栖息地区域下辖的县级地方当中具有一定的代表性。西北方向与阿坝藏族羌族自治州相连,是我国4个主要的羌族聚居区之一。当地的羌族同胞人口接近3万人,约占总人口数量的1/3。县城威州镇是县政府所在地,县区范围内另外下辖的,是名为漩口和映秀的这两个朴秀曼美的古镇。

浩荡的岷江由县内西部地区纵穿而过,为汶川带来了潜力丰厚的水能资源,理论蕴藏量高达300万千瓦以上,现已开发100万千瓦,依然拥有巨大的扩展潜力。

汶川的旅游资源也是当地的重要经济来源之一,除境内的卧龙自然保护区以及自然景观之外,禹、羌文化与三国时期保留下来的珍贵文化遗址所具有的人文价值近乎无可限量,更是著名的民间艺术作品"羌绣"的故乡。得益于当地优良的气候条件,林业三大工程建设进展也极其顺利,封山育林的总范围到了2010年时,已经达到了9000公顷以上。

总体来说,历史文化底蕴比较丰富,拥有多种经济类型的开发潜力和

潜在资源，原始封闭与高速发展并存，就是这里最为真实的写照。

卧龙国家自然保护区

四川大熊猫栖息地相关的所有保护区当中，在纸面与网络媒体当中曝光率最高的名字应该就是卧龙保护区了。这里是我国四川最早有大熊猫出没的地带，建立了以监控、观察和保护为职能和目的的自然保护区，也是中国最早拥有的综合性国家级自然保护区之一。

经过历史的推进，它的存在意义和价值已经超过了其所单纯具有的地理和自然属性，更加具有了多种人文主义方面的意义。它也是国家和四川省所命名的重要科普教育基地和爱国主义教育基地。

这里位于汶川县西南部，西北则触及到邛崃山脉。于省会成都相距130千米，在汶川这片土地上蓬勃成长的经济与社会功能建设所带来的巨大发展，拥有着便利而齐全的交通和社会设施。

但是，这并没有过度地干扰到作为保护区地带的安宁，目前除了县城城区和下辖邻近的主要乡镇外，真正在保护区内生活的人口基本保持在五千三百多人，其中有农业人大熊猫栖息地

口四千五百人左右。

邛崃山脉地势绵长，山脉所属最高的山峰为西南方的四姑娘山主峰，高于5 000米的山峰超过一百座之多，山脉的地势由西南向东北方向倾斜，使得这块大熊猫栖息地的自然遗产堪称群山环绕之地。

地表溪流和活水数量很多，年降水量超过900毫米，这为该区域繁荣的生态系统提供了滋养。保护区内原始森林茂密，森林规模保存完好，因地理位置处在四川盆地与青藏高原彼此边沿的过渡地带，气候也随着海拔提升及地貌变化的落差而在不同海拔高度的状态下存在着明显区别，因此在这片过渡区域里得以集中了从亚热带到温带乃至寒带气候条件下生存的生物种类。

海拔1 600米以下的地带为常年湿润温暖的常绿阔叶林，其中以樟科树类如印叶钓樟等亚热带品种为主，也有山毛榉、槭木等落叶乔木，一直绵延至2 000米及以上的针阔混交林中，则混杂出现四川红杉、铁杉和椴木等品种；到了海拔2 600米~3 500米的亚高山针叶林带，以岷江冷杉为主，杂项树类较少，林下沿着山脉生长大片连绵的箭竹，箭竹出土的笋头、嫩芽和枝叶是熊猫日常的主要食物之一。

因此，这片地带及其海拔临近的上方生态区和下方生态区是整个自然遗产区域中熊猫主要生存分布的地带。其中，卧龙自然保护区是观察到已知的熊猫单体累计出没最为密集的区域之一。

起始面积逾20 000公顷的卧龙自然保护区于1963年正式建立，1978年，保护区建立起了世界上首个大熊猫野外生态观测站点。国内外专家使用了人员巡山、目测跟踪以及对找到的大熊猫身上安装小型无线电信号发射器等方式搜集获取大熊猫活动的相关信息，根据这些信息对该地区的大熊猫个体和种群生态状况，以及熊猫的主食

竹类的细致情况进行了研究和鉴定，收获颇丰。

　　1980年，与世界野生生物基金会经过深入的可行性论证之后，中外联合在此建立了中国保护大熊猫研究中心。这是中国第一个专业的与国际接轨的珍稀动物保护研究机构。其后，又于1983年正式加入了联合国教科文组织下辖的"人与生物圈计划"保护区网。

　　同年，经国务院批准，对卧龙保护区内实际涉及保护区主体的汶川县卧龙公社（乡）和耿达公社的行政状态进行了重新规划，经当地省政府和原林业部决议，最终确定为四川省汶川卧龙特别行政区。行政管理部门与卧龙自然保护区管理局合署办公。

　　这里也是新中国自成立以来第一个设立的自然资源保护特别行政区，这也从侧面体现了当时国家对于这片区域价值和意义的重视。

　　作为目前拥有所有国家级自然保护区中排名第三、四川省内位居第一的广阔面积的大型保护区，卧龙保护区在国际和国内都拥有相当高的知名度。从地图上来看，它是一片被撕去了叶尖的杨树叶状的土地，东

西长度 51 千米，南北宽达 62 千米，总的占地面积约达 70 万公顷。

　　区域内的自然环境变幻多姿，风景明秀，气候也温和宜人；于特定区块分别建有规模可观的大熊猫、金丝猴、小熊猫等濒危野生动物繁殖场；科研观测方面，这里还建有世界著名的"五一棚"野外观测站。不过，让卧龙由单纯的科研观测和自然保护性单位变得举世闻名的真正原因并不是这些，而是这些年来中国保护大熊猫研究中心在多年工作之后所展示出的丰硕成果。

　　作为中国境内较早成立的国际自然科研合作单位中的典范，拥有着长久而光荣的历史，这里为世界和中国培养训练出了一支不断更新血液、充满活力和热情的大熊猫综合科研人才的队伍，更是世界大熊猫培育和生存维护科学成果的摇篮所在。

　　由于现存于世的熊猫总体数量极其稀少，难以形成规模化繁衍的困局一直是阻碍大熊猫这个物种摆脱濒危状态的主要问题，大熊猫依靠人工圈养培育来保障其存活率，达成提升总体数量的目的，这在很早以前就成为一种被普遍提倡和看好的方案，但是在实际操作当中存在着非常多的困难和不确定性因素。

　　最基本的一点，现存的雌雄成年大熊猫捕获并不难，但即便在其熟悉了圈养环境并稳定情绪之后，出于年龄、生理状态以及其他可能涉及的细节原因，根据步骤来归纳，总共存在着发情困难、促成交配困难、幼崽成活率无法保证三大问题。

经过来自世界各地的科研人员和志愿者们长期摸索和细心验证,近10年,这三大难题基本已经被解决了。根据资料显示,研究中心人工参与繁殖的大熊猫总数达到92胎,共97只幼崽儿,其中85只顺利长大,新生幼崽的产后存活率已经创下了连续6年都达到100%的历史纪录。中心圈养的各年龄段大熊猫总计达到200只以上,占全世界圈养大熊猫种群总数量的65%。

不仅在转向科研上取得了喜人的成就,科研中心也努力推动大熊猫生态研究与人文领域之间的联系,近年来,在全世界范围内开展了大熊猫的认养活动,并积极寻求对外合作,来建立合作开发机制,保障中心拥有充分的机遇和周边发展空间,为大熊猫科研中心的活动招揽和延伸了更多的人才、人脉、理解和支持,也为当地带来了名气和经济效益。

四川省大熊猫栖息地的主要景区

作为青城—都江堰风景区的两大支柱,位于四川省都江堰市西南地带的青城山,在古代称之为丈人山,一名天仓山。

作为青城—都江堰风景区的两大支柱，位于四川省都江堰市西南地带的青城山，古代在当地称为丈人山，又名天仓山。与成都市区相距68千米，与相邻的都江堰市眺望可见，地理位置优越，交通便利。

地理上属于从邛崃山脉流出的一道分支，背依岷山的雪岭，面向川西平原地带。受温暖湿润的气候影响，山间林木生长葱郁茂密，各种植物一年间四季常青，四周生成的山峰疏落有致，形成一连片不规则的环绕形态，被青翠的植被覆盖，犹如城墙上方齿状的立墩，青城之名由此而来。

作为主峰的老霄顶垂直海拔接近1 300米，名字既有川地百姓语言称谓的民间特色，又充满了道家修士意欲出尘脱俗的昂然与清傲，将千百年来青城山文化中俗雅同存的情致一语道尽。

青城山—都江堰风景区

青城的山道之上，有着古人修剪遗留下来便于登山的道阶。由于山林茂密遮光蔽日，树下土地又草木繁盛，都发挥着调节温度的作用，结合气候因素，山中气象无论春夏秋冬都保持着湿润微凉的状态，愈加让蜿蜒寂静的山间道路显得幽深和爽净。

古人云"青城天下幽"，确非浪得虚名。登得山来，转入林顶，便是青城山的建福宫，这是该地众多文物古迹当中最具有代表性的项目之一。

相传其最早始建于唐代，经过几代人的变动与改建而保存至今，其规模颇大，曲折幽深，与山中的上清宫各有千秋，颇具道家林园古朴规整的风格特色。

除自身所有的文化遗迹和山间景致之外，青城山最为出名的有三大自然景观，分别为日出、云海、圣灯。青城山山势高耸，是这一带方圆数百千米内观看日出的最佳地点，晨间登上青城山，于山边坐看太阳从远方的山后缓缓升起，辉煌灿烂的日光完全从地平线下脱离之后，空气中尚处于半凝结状态的水雾的偏折散射更大程度地衬托了那种金红色的光芒的力量，偌大的青城山在这时便瞬间脱离了平日淡素幽静的面貌，充满了一种雄锐昂扬的气魄。

说到青城，就无法不提及近在咫尺的都江堰。都江堰在青城山以东仅16千米，始建于公元前3世纪的战国时代，距今已有将近2300年的久远历史。

战国七雄当中，古时据有此地的是秦国，在当时，秦国还没有开始完成横扫六王统一中国的历史伟业，作为蜀郡太守的李冰因见此地洪水泛滥，影响民间生产生活，于是偕同其子

率领和指挥治下民众，根据保固河道拦阻洪水的需要，成功地设计建造了这座在当时直至数百年后在全世界范围内都可以当之无愧地称为超大型水利工程的建筑。

事实上，无论以什么样的形容词来描述这个作品都是没有太大的区别的，因为最终所表达的意思都会指向同样的两个字，那就是伟大。这是人类起源至今有记载的历史上年代最久远的以无坝引水为特征的水利工程，也是唯一留存至今时今日，依然在正常工作，发挥着它的设计用途的产品。仅凭这一点亦足以堪称一项工程史上的奇迹。其设计和建造者的远见与毅力，更是中华民族历史上遗留下来值得借鉴与学习的宝贵精神财富。

天台山风景区

延伸宽远的邛崃山脉多分支也多弯壑，所辖地段也颇多风景名胜。邛崃市位于邛崃山脉东北部，在历史上有"文君故里"之称。天台山风景名胜区成立于1989年，是邛崃山脉主干的一部分，地处距离成都110千米处。相较于青城山，其景区总面积更为广阔，接近200平方千米。主峰名唤"玉霄"，顶点在海拔1 800米以上，是堪称整个景区核心的一个峻伟的险峰。

天台山形态与地貌样式奇特，山脚向外突出，山体呈现出一种向东北倾斜倒伏的样貌，奇异的地理形态得益于其在形成阶段所经历的地质变化，在这片区域可以找到形态不一、变化极其丰富的丹霞地貌。由低

到高的山势，形成了三级次第向上的坡状台地，在地理学上属于在国内极为罕见的箱式向斜山地。

从高空或远处俯瞰和远观天台山，其形状如同阶梯，加之上方高耸的玉霄峰，仿佛曾有古代巨神从此拾阶而上、飞升入天而留下的遗迹，天台山之名因此而得。

这里气候温和宜人，年平均气温可以达到16℃，降水异常丰富而频繁。这里蓬勃生长的漫山遍野的广袤森林就是最佳的佐证，热带植物当中的珍稀品种在其中屡见不鲜，诸如银杏、红豆杉等亚热带名贵树种皆在这里生长，同时在此存在的还有珙桐等二十余种被列入国家保护品种目录当中的濒危植物。诸如大熊猫、娃娃鱼等接近10种一级乃至特级保护动物也在这片地区出没。

与青城山相比，天台山同样拥有在深厚程度与复杂程度上均不逊于前者的文化资源。不过，不同于青城山的是，天台山的文化遗迹有着更多来自史前文明的部分，这为天台山增添了一份神秘的色彩。

据考古学资料显示，远古时代，天台山一带是蜀地古原生民族"邛"族人聚居繁衍之地，这片物产丰富、水土丰茂的山间就是他们获取食物与其他生活资料的宝库和粮仓。

而后历数至巴蜀开明时期，古蜀地自成一国，蜀国次任之王鳖灵曾在此进行了华夏历史上最早的"登高祭天"仪式，以表达对上天的崇敬和虔诚，祈求国势平安，风调雨顺，让国民可以安居乐业。

延至汉代时，道教开始崛起。由于获得当时的汉朝权贵的推崇，其信众规模日渐膨胀，汉朝中兴之时，道家信徒与传人曾以此为据点，于山间开凿洞窟，炼丹制药，建造神坛供奉祭拜其信仰的神尊。到了宋代，由于社会的进步，儒、释、道三种宗教和思想团体的规模与流派发展均达到了一个巅峰状态，在天台山各自大兴土木，集中建造寺院、祠堂、观宇等祭祀和修行参拜的场所以及大量不同形态的人神塑像。道观、官堂、僧院等建筑在鼎盛时期的数目总计多达108处，形成一片极为庞大、壮观的宗教山城。

可惜的是，其中大部分庙堂在人文历史变迁与自然气候变化当中已经消失不见了，其昔日庞大的规模也仅剩下其中的一小部分，零星存在于山间。诸如"和尚街""雷音寺""老子观""和尚衙门"等遗迹，从这些名称当中，依稀能够感受到当时在这座山上各种信仰对象交相存在、杂乱与繁盛共有的奇妙景象。

西岭雪山风景区

西岭雪山风景名胜区成立和被完整勘探开发出来的年代相对较晚一些。1985年3月，当地政府开始对这片区域进行科学考察和规划开发潜力与价值的论证工作，次年底，该地正式作为景区对外开放供人游览观赏。1989年被四川省政府批准为省一级特色名胜景区。至1994年1月，经过国务院最终审批后才最终确认成为国家重点风景名胜区。

四川省大熊猫栖息地的主要景区

这是一片地处邛崃山脉中段部分相对独立的山岳,晚于其他几处风景区的开放时间和其所处的邛崃山脉深处的地带,使其保留了更多处于原始状态的风光和生态环境。

景区主体位于大邑县境内。尽管作为公众化的旅游资源开发和勘探是在近现代才刚刚完成的,但是在很早以前,这里就已经是古代中国探险家和旅行家们踏足过的地方了。唐代的著名诗人杜甫曾经对此间景致留下了"窗含西岭千秋雪"的诗句,从侧面也验证了西岭雪山风景的独特与价值。

西岭雪山的具体景区位置划分是在后期完善整体规划的过程当中重新整理确定下来的,这里所属的地理系统涵盖面积比较宽阔。早期开发的成果当中,最先被给予正式名称的是西岭雪山的前山部分,原名大飞水风景区。直到后来对整个区域勘探划定完毕之后,才最终将现在地图上划定的整个范围确认为西岭雪山风景名胜区。

蜀地自古多山,亦多名川。以青城为代表的各色传统名山,由丰富的森林植被构筑起的苍翠荫秀的怡目景致与四季湿润宜人的气候使这里成为历史上著名的避暑消夏胜地,而蕴藏其间丰富的人文遗迹又使其被赋予了领略和追怀带有我国古典特色的文化风貌与陶冶心情的奇趣。

但是,在蜀西腹地及周边相连的著名山岳景点当中,西岭山景区却是一个在风格上相对另类的存在。它地处距离蜀地中心成都并不遥远的邛崃外县大邑,天气晴朗、空气能见度高的日子里,不必特意来到城市的边缘,也不必特意选择很高的建筑物的窗边,仅凭肉眼便能够远眺于

地平线上的西岭雪山的身影。从市区瞭望依稀可见的山阴雪峰，是所有成都人印象中弥足享用与回味的精神故景之一。

西岭雪山的特别之处，在于它的"杂"。青藏高原东部边沿的海拔高度从这里开始逐步下降，接续着它的是广袤的成都平原。横跨于两个区域之间的地理位置给予了这里相对于其他山岳更加丰富多彩的地貌地形和天然景观，也给予了它于成都市郊所有山地当中最高的顶点海拔高度。

由于自古以来人迹罕至，加之较晚受到对外正式开放的时间影响，使其更多地保留了原始自然的样貌。在连绵的山体之间，崛起的峰岭形态险峻而突兀，高处甚至常年积雪。山间怪石嶙峋，植被茂密，许多样貌奇特的野生动物（诸如红腹角雉等罕见动物）都在此出没。

得益于峰顶的固态水与山中泉水的可观储量，在这片地势崎岖的山间有着相对于附近其他地方来说比较罕见且异常丰富的各种形态的流水景观。溪流、瀑布、飞流等鳞次栉比，经由森林，绕过岩滩，由之汇聚合流而成的深潭缀隐于山石林间，在早间的阳光下，染染荡荡的波光漾乱了层林的幽荫，静中寓动，动而亦静。看山尖，雪光盈远；看山下，层林遍布，砾石隐现。

四姑娘山风景区

四川省阿坝藏羌自治州小金县，是境内汶川县以外人口和经济文化总量排名位居第二的县市，其下属日隆镇，位于青藏高原邛崃山脉的背向区域。四姑娘山国家级风景名胜区即位于这座边远小镇的境内。1994

年由国务院批准列为国家级重点的一批风景名胜区之一。经过考察,其主景区部分与本山外部的夹金山一地合共约1 400平方千米,被列入了国家级自然保护区的行列当中。

2001年,四姑娘山风景区被评选为国家级4A级风景旅游区。对于它来说,这并不能算是一种什么殊荣,至多是在它的奇伟壮丽上多了一层人为添加的光环而已。

这里距离成都的路途超过200千米,地理位置略显荒僻。总覆盖面积达到近500平方千米的主景区中,本山是由4座海拔超过5 000米的雪山所组成的连山体,其主峰的高度达到了海拔6 250米之高,仅次于同属蜀地的贡嘎雪山,在四川省境内可谓一峰之下,千峰之上,被雅称为"蜀山皇后"。

除去天然风光和自然资源的存在,仅仅是这种高度与名声,对于来自各界与各地的登山和探险爱好者就已经拥有了巨大的吸引力。在被正式作为面对普通大众的旅游景点进行勘探之前,四姑娘山已经是国内登山界与旅行界耳熟能详的名字之一了。它也是我们国家于20世纪末首批对外开放给旅行者的十大著名登山胜地之一。

生活在古代的人们，对于自己赖以生存的土地和山水总是有着浓厚的感情与敬畏之心，四姑娘山由于其特殊的形态样貌与其险峻而难以征服的特性，被有着丰富情感的当地人赋予了非常美丽和虔诚的想象。

相传，在很久以前，这里曾经土地贫瘠，人们生活艰难。

为了能让族人从困境当中解脱出来，4位身为姐妹的美丽善良的藏族少女一起虔诚地向天祈祷，期盼上天显灵，赐予这里的土地肥沃与丰饶。在日复一日的祈祷中，她们的身躯逐渐化为这4座齐肩并踵的高山，而这里在她们的保护和庇佑之下，也终于成为水土秀美、充满生机的地方。

仿佛是为了印证这种传说中所包含的对这座山的敬重似的，整个四姑娘山景区的组成结构也非常有趣。景区主要由四姑娘山、海子沟、长坪沟、巴郎山和双桥沟五个部分组成，高耸矗立的四姑娘山恰好位居其正中，3条沟谷众星捧月般地拱卫环绕于其三面，恰如为了凸显这座流传着神圣色彩的山岳在当地历史传说中所描述的特殊地位一样。

3条沟谷中，长坪沟列与当中，长约40千米，长度分别为30千米和42千米的海子沟和双桥沟则分列两侧。在晴朗的天气中，形态巍峨、圣洁的四姑娘山那尖削明锐的雪峰之下静卧着与雪区融为一体的棉柔如纱、洁如哈达的云雾。

空气中由高至低、由稀薄至浓密的水汽在低温里结合为肉眼无法直接看见的细小水珠，悬浮在空中，阳光辐射下7种基本色当中的蓝色光也被由淡而浓地折射，与这里澄澈的天空投下的颜色一起，使得原本以黑和绿为主色调的山体从远处看起来呈现出一种殷如青璃的暗蓝，仿佛

四川省大熊猫栖息地的主要景区

整座山体本身也是天空的一部分，随时便要融入其中一样，使得从这个角度观看的四姑娘山本山有着别样的诗意与开阔感。奇美的色彩和高耸峭立的形态也使之赢得了"东方的阿尔卑斯山"的美誉。

1996年，经过四川省城乡规划研究设计院综合考证，从观赏价值、环境质量、生态水平、人文元素、景区规模、科研价值、历史价值等诸多方面对整个景区120个初步确认的景点当中，经过实地仔细勘探并给予正式命名的57个进行了统一评价和筛选。

在筛选过程中，其中品质等级在4级的景点8个，3级景点20个，1级、2级景点共28个，另有特级景点5个。这些景点均已获得开发和利用，具备合格的游览标准，并分别列入当地旅游名录当中。除了这些已获得开发登记的景点之外，目前景区内另外六十余处景点仍然处于待命名、鉴定和考察的状态当中。从专家考证和早期探险者提供的资料来看，其中有相当一部分是非常罕见乃至此间独有的绝景。由此可见，这里仍然是一片拥有众多未知奇妙等待着人们去见证的土地。

历史细节

2008年，汶川发生特大地震，中国保护大熊猫研究中心下属的原卧龙基地位于震中汶川外围乡镇，遭受到严重损坏，人员出现伤亡，培育馆内的32套大熊猫圈舍也基本全部被地震毁坏，很多圈养大熊猫都在灾难中受了伤。

在经过基地人员紧急处理之后,由于毁坏的场馆设施无法在短时间内重新发挥功能,无法负担在此圈养中的全部大熊猫。因此,在地震发生的次月,也就是2008年6月待灾后当地交通和社会机制稳定之后启动了应对预案,将六十余只本中心的大熊猫向外进行了紧急转移,其中一半左右被分别转移分配到成都、北京、福州等相关拥有培育和照管能力的单位寄养。其余部分被运送至碧峰峡培育研究基地进行紧急安置。

4年后,在国家和广大人民的关怀下,经过一番努力,被损坏的卧龙基地在距离原场馆地址约22千米的位置顺利重建,更名为卧龙·神树坪基地。整个重建项目由香港特区政府提供援助,新的基地设施齐全,各方面规格比老基地有较大提升,专门的兽医院、圈养和野化过渡培训设施一应俱全,总的建筑面积达2万平方米,约为原基地规模的20倍,主体部分具体划分为大熊猫的饲养、野化训练和野生动物公众教育示范区三大功能区块。

2012年10月30日,卧龙自然保护区管理局在这个新建的神树坪基地举行了"大熊猫回家"仪式暨中国保护大熊猫研究中心新基地投入试运营纪念仪式。18只先前被送往他地寄养疗伤的大熊猫正式返回卧龙,这也是地震后4年来第一批返回卧龙重建基地的大熊猫住户。

经震后当地的统筹安排重建规划,保护和恢复这片四川大熊猫栖息地世界自然遗产被作为当地恢复建设的重点内容之一。在努力更新毁损的基础设施、恢复当地民生的同时,利用植树造林、封山育林和育草的方式,使受到地震破坏的大熊猫传统栖息地得以尽快恢复生态环境,这

项工作也为当地一部分因灾失业的百姓提供了就业机会。

经过不懈努力,累计完成植被恢复面积5.9万亩,植树造林和封山育林面积分别达到1.85万亩和4.1万亩。处理和解决震后栖息地出现的显著地质灾害达11处,并在这片地带重建了一批新的基层保护和观测站点。在大熊猫科研和保护的硬件方面,也提高了应对能力和整体系统规模。灾后的时间内,在原有的设施基础上,又新建了一批包括卧龙大熊猫研究中心和都江堰大熊猫救护与疾控中心在内的全新机构,并扩展了原雅安基地的规模,为应对今后的工作打好了基础。

2008年灾后,卧龙地区共繁育成活的大熊猫达到45只,圈养数量恢复到170只以上。先后有8只符合标准的大熊猫由国家遴选出来,作为形象代表和友好使者送往英国、澳大利亚、新加坡和我国台湾等国家和地区,印证了我们在灾后重新进行大熊猫保育和研究工作的信心和成果。

目前,由卧龙、都江堰和雅安碧峰峡三大基地联合组成的中国保护大熊猫研究中心,已成为全国规模和技术力量之冠。世界上首屈一指的大熊猫科学研究与自然生态保护教育基地,对于我国和世界大熊猫保护与研究事业的发展具有里程碑的意义。

结 语

在今天，人类以科技和智慧的力量拯救因为我们的缘故而濒临灭亡的大熊猫，希望能够在这个过程当中使人们醒悟并明白这样一个道理：能够把我们从自然灾害的报复当中拯救出来的，也只有人类自己而已。

结 语

人类的力量是伟大的，依靠数千年来积累的科技和知识力量，我们能够完成在以往被认为只有大自然能够完成的事情。不仅移山填海、引风造雨已经成为了家常便饭，在有必要的情况下，我们甚至还能够人为地改变生命的面貌和内置。但与此同时，人类的力量也无疑是可怕的，自从人类文明开始登上历史舞台并蓬勃发展之后，世界上生物种类毁灭和新生之间的新陈代谢链条上就出现了不可逆转和难以修补的裂痕。

我们都曾经生过病。如果说大自然也是一个完整的生命，那么人类在它内部的破坏达到了一定的程度，洪水、飓风、暴雪、酷旱这些人类眼中的灭顶之灾也许会自然而然地转变为这个生病机体内生出的抗体，因为迫使这种破坏停止下来的最有效也最极端的办法，就是用无可抵抗的方式毁灭和大量减少体内造成伤害的对象。在今天，人类以科技和智慧的力量拯救因为我们的缘故而濒临灭亡的大熊猫，希望能够在这个过程当中使人们醒悟并明白这样一个道理：能够把我们从自然灾害的报复当中拯救出来的，也只有人类自己而已。

云南澄江生物群

对于生物界来说,澄江化石地带的整体规模和其所包含的生物种类都是空前的,其所具有的学术意义也超越了单纯研究发现的层次。

澄江生物群

我们所在的地球从诞生至今，经历了数亿年的岁月。这些被历史学者与地理学者精细划分为各个时纪与时期的遥远的岁月中，地球曾经展示过的那些具体面貌到了现在已然随着时间的发展，消逝在土地和空气当中。

曾经作为世界"主人"的那些植物和动物以及携带着它们的基因不断适应着新的时代环境所演变而来的次生种群们，在经历了如此长久的历史变迁之后，到了今天所幸存下来的已经为数不多了。其中的绝大部分和它们所在的那个时期的世界一样，在今天只能够由科学工作者们通过画笔和电脑技术，根据在远古的地层或者水下所发掘出的遗骸和痕迹，在纸面和屏幕上借助想象和推理竭力还原出那个年代的样貌，以此了解地球过去的冰山一角。

但是这种工作当中由于人类思维里面无可避免地带有的某些主观成分，而导致存在这样或者那样的偏差与谬误。因此，作为参考的遗迹和遗骸化石的清晰和完整程度，就成为整个还原工作当中最为关键的因素所在。

现在我们知道，单纯就古代生物的遗骸本身来讲，在地层当中形态保存的完整和精确性主要由以下三种因素所决定：遗骸在最初产生时所处的状态；遗骸进入地层封存的方式；在地层中形成化石的过程当中所经历的地质或外部因素对该区域所在的整片地层的影响。

103

这三者共同决定了遗骸化石的整体品质,可惜的是,由于自然演变和地质活动的无常性,理想品质的化石生成环境非常罕见。即便侥幸在地质和地表活动的变化当中,存在性质稳定、质地坚实,能够比较完整地保存下来的化石,也可能由于原产地层的变化和分离而难以判定其准确的生存地域和年代。因此,保存环境本身的良好度就成为高于其余两项原则之上的重要因素和标准。在这一点上,我国的澄江生物群就是一个典型的例子。

帽天山,位于我国云南省玉溪市下属澄江县境内,在澄江凤麓镇以东六千米左右。那里保存着距今约5.3亿年前的远古海洋生物化石带,在山脉中呈不规则的带状分布,总长度达20千米,4.5千米宽,埋藏深度达到50米以上。化石形态保存完整,生物残骸种类繁多。

1984年夏季首次被发现,经过后期的不断发掘和考证,确认了其蕴藏的丰厚考古和生物学价值。2011年国务院将其确定为申报世界自然遗产项目,这也是当年唯一确认的申报项目。2012年7月经过世界遗产委员会论证评审,澄江化石地带成功地通过集体表决,被正式列入了《世界遗产名录》。

特点

这片化石地的年代是在史前5.3亿年左右,其时间上大约是位于早寒武世时代,与生物学上著名的寒武纪早期生物大爆发现象出现的时间有着重叠,而其所包含的种类庞杂、数量巨大的海洋动植物化石群也恰好

澄江生物群

体现出这一特定时期的特点。

地球生命种类在这一时期曾经出现过突发性的增长过程,澄江生物群比较完整而真实地把那段生机勃勃的时期中的海洋重新展现在人们面前。化石主要存在的泥岩地层质地均匀细腻,压存状态紧实而稳定,完好地保存了古代动物死亡后的整个剩余躯体,更为难得的是,这些化石中甚至连纤细的软体附肢也分毫无损。

对于生物界来说,澄江化石地带的整体规模和其所包含的生物种类都是空前的,其所具有的学术意义也超越了单纯研究发现的层次。从20世纪80年代末至2012年底,澄江生物群当中所确认的物种整理出总计16个门类和科属,包括了无脊椎动物和原始脊索动物在内的总共超过210个保存完好的古代物种化石,几乎现存世界上所有门类动物的远古祖先的代表物种都有发现。

除了常见的拥有外骨骼的硬体动物化石之外,也罕见地存在大量古代软体动物遗留在地层当中的躯体印模。这一点,甚至刷新了人们在一直以来的发现中所养成的对化石生成和保存观念上的认知。

在澄江化石池被发掘出来之前,世存最古老的保存有软体动物化石的古生物群遗迹这一称谓,原本是属于地处加拿大的布尔吉斯页岩生物群的。它同样拥有一批保存比较完好的软体动物化石，但是因为其初始形成年代已经是处于寒武纪中期的了，距离寒武纪早期的生物大爆发阶段相差超过了1000万年的时间，所以不能依靠其中所包含的这一批生物样貌以及还原其时的生存环境，完整地引申出早寒武世时代的生物生存环境和面貌。

同时，由于早期所发现的古代生物尤其是早寒武世以内的生物化石当中，基本上都是以比较容易形成化石、便于保存的硬壳或硬体动物为主，软体动物和身体以软组织作为主要构成部分的动物，难以在激烈而严酷且更加长久的地质变化中保留下来。

这两种客观证据上的缺失，让我们很难对于早寒武纪生物大爆发中所出现和存在的生物种类有一个准确的评估和描述。也难以对现代海洋环境中占据大多数地位的身体由软组织构成的生物的进化渊源，给出足够准确和贴切的解释。澄江化石池中所完好保存的寒武纪早期海洋生物与环境遗迹恰到好处地为我们填补了这片认知区域和这段至关重要的物种演化过程在例证上的空白。

由于拥有这种在时间段和生物种类上的独特性，使澄江化石地具备了独特的学术和历史意义。甚至可以说，这一块是目前全世界唯一能够完整揭示远古寒武纪生物大爆发时间段的实时环境之所在。其完整保存的远古海洋各生物群落与海底环境遗迹，也为研究生物大爆发过程当中出现的生物躯体结构、生活习性和整个生态系统的构成提供了重大帮助。

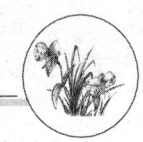

研究历程

人类对探索求知的渴望是没有尽头的，从"科学"这个词汇诞生的那一天起，这个貌不惊人却拥有着近乎无穷尽涵盖范围的意义的词语，所涉及具体生活中的每一个方面都活跃着人们孜孜不倦求索和发掘的身影。

18世纪末至20世纪90年代初的这段时间，全世界在种种不同的原因所制造的意愿与欲望的驱使下，将自身对于"科学"这个概念的崇拜和建设达到了不止一次的高峰。这些过程当中驱动着他们去努力探索和发掘的动力包括财富、权势、对自己国家强盛的希冀、对私人利益的渴望。令人欣慰的是，其中总是不缺乏单纯只把求知作为一种快乐和事业来完成的人。

1984年6月，年轻的中国科学院硕士侯先光来到了澄江凤麓镇外的帽天山，带着简陋的生活用品，在这里开始了他进行野地勘探和古生物化石样本搜索采集的工作过程。身为中科院南京生物所毕业学生的他不会想到，自己的这一次探索，将会成为一次掘出人类生物学历史上最大宝藏之一的淘金之旅。

也许是历史在这里给他留下了小小的考验,在最开始的一段时间里,这片区域的地层挖掘和调查采集进行得并不顺利。侯先光孤独地持续着这种枯燥而辛苦的工作,然而每天采下的总计达数吨之多的岩层碎片当中,并没有包含任何他所期望找到的东西。

这种情况让他对自己选择的区域产生了一些怀疑。不过到了当年的7月1日,情况却突然出现了转机。在之前的几天当中一直一无所获的侯先光在继续进行日常的挖掘采集过程中,终于从一处岩层的断面里获得了他来到这里之后第一块古生物化石。这块化石,也是整个帽天山生物群遗迹自生成以来第一例重见天日的寒武纪早期生物化石。通过这块化石,侯先光确认了考察地点的正确性,受到了鼓舞的他将自己的挖掘继续进行下去。

当天下午,在同一片地层区域内他一共找到了3块化石。在其后经历的数天当中,这片地层当中陆续出现了一大批属于同一时期的古生物化石,其中包含现今世界上的水生节肢动物、蠕虫、水母和其他一些甲壳类动物的远古先祖。带着这些搜集到的生物标本返回南京之后,侯先光根据自己的发现与导师张文堂共同编辑、撰写了一部描绘自己在此所发现的远古生物种类并据此推论其生活环境及年代的学术论文,在国内外生物学界引起了不小的轰动。其中,"澄江生物群"这个名称,就是在这篇论文当中由侯先光所提出来的概念。

这一年,堪称澄江生物群这片史上规模最大的寒武纪早期海洋生物群落遗迹保存地的面世元年。

从这一年开始，侯先光和随后来到他身边的所有科研伙伴们也成为这片宝藏最忠实的守卫者和探索者，来自国内外的地质学家、古生物学家都慕名而来，在这里齐聚一堂，为将这个激动人心的学术宝库的完整面貌呈现于世而献出了自己的一份力量。这个行列当中，对于包括作为第一发现者的侯先光在内的一些人来说，这片天地就已经是他们将要为之投入毕生精力与心血的归宿了。

他们在这里所做的事情，就像小心、仔细地轻轻吹去蒙覆在化石缝隙间的灰土的过程一样，结合了不同学科学者们知识上的通力合作，在所发掘出的古代生物化石当中，那些跨越了久远的时空以这种面貌与我们这些世界上的后代生命之间结下一面之缘的石块和印模原本的身份被逐渐清理和归纳出来。

到了今天，我们可以从整理出的资料中得知，澄江生物群的基本内容和构架已经大致被记录的不同生物种类所刻画出来。截至2012年底，这里已经发现了接近4 000块生物化石，其中，软体动物遗迹所占有的比例超过了五成。它们被分为了17个生物类别，下分接近100个属种。包含了属于植

物的藻类、水草，属于无脊椎动物的海绵类、水母类、蠕虫类、纤毛虫以及属于节肢类的多种古代生物。这听起来令人眼花缭乱的数目只不过是对报告和刊物上所展示文字的管中窥豹而已，由科学家和他们的助手亲手一块一块仔细清理出来的化石上所呈现出的生物样貌和形态繁多，远比这单纯地形容来得更加令人目不暇接。

清理出生活在这片区域内数量庞大的不同生物族群的遗骸，并为它们配上相对应的名字与属性，只是这里所有一系列工作最初级的部分内容而已。

更加考验想象力和学识的，是在纸张和电脑屏幕上，为这些已经成为躺在化验台和显微镜上的僵硬石块的古代生物还原它们当年活着时候的样子，这项工作中所面临的困难往往不为外人所知。由于埋藏地下的漫长岁月，岩层的质地与死亡的生物体内有机质成分在地质变迁中发生了交换和同化，往往使动物与其身体所附着嵌入的岩块几乎融为一体，不能冒着破坏珍贵标本的风险强行剥离，来仔细地清楚辨别生物的细节特征。

这是挡在为生物制作还原图景的工作人员面前的第一道难关。同时，这些发现的化石当中，各种不同科属的生物之间体形大小的差距有时比较悬殊，其中较大体积的，如大型水母类生物化石，体积直径可达十余厘米，最小的一种纤毛虫类动物的体长则仅有数毫米，不通过显微镜的帮助无法完成对其形象的准确观察。而在这个过程当中，暴露在外面的化石本身也容易受到云南山区潮湿气候的影响，发生纹理变质和劣化。

这些问题无疑加大了还原生物原本形态进展的难度。

在研究开展的早期，人们只能通过手工小心地去除掉化石上形成障碍的石块，可以使用的也只有普通的光学显微镜。但是随着科技发展，包括X光仪、超声波探测和电子显微镜在内的各种电子仪器都投入到了生物考古研究当中。优化的工作条件在一定程度上解决了其中的困难。今天我们能够看到这一批古生物结构比较准确和完整的还原图，也多亏了这些仪器和研究者的努力。

特殊意义

目前的自然界中，在不同的气候和地理环境下，各自拥有着不同程度和内容的复杂生态系统。生物的多样性保证了这个世界上的物种可以不断地繁衍和演变下去，这也是使这个世界上各个世代的生命得以由远古时代发展进化至今的基本条件所在。无论是植物还是动物，生物的多样性都为进化演变的诸多可能性提供了足够的素材与空间，是自然演变的重要因素。

根据学术界的一致观点，在距今5.4亿年至5.3亿年的寒武纪早期，曾经出现过一次所谓的"寒武纪生物大爆发"，其具体现象表现为：在这段时期中，地球表面生态环境当中所拥有的初级生命体的种类与数量发生了一种不明原因的短期内爆发性增长，大量新生种类的无脊椎动物集中出现，原本可能需要近亿年时间进行的分支演化在短短的几百万年间就完成了。

探寻中国自然遗产大宝藏

由于资料稀少和可供考证的地质遗迹保存得不充分，其中所经历的整个过程虽然在今天已经无法准确地描述和把握，但是可以确认的是，这种爆发性增长可能并不是如字面意义上所指单纯地一次性完成，而是在此期间分为几个阶段来逐步实现这种结果的。不过，在该时期出现生物爆发性增长的事实是毋庸置疑的。

到现在为止，科学家们在这片地区所采集到的化石种类累计已经到达了200种以上。同时期横向列布的生物种类丰富程度足以令人咋舌，鳃曳、腔肠、腕足、节肢、叶足、海绵等类型动物应有尽有，在这个区域内，还有5种以上共同生存的不同类别的藻类植物，在动物化石当中，还有全世界首次发现的寒武纪早期水母化石。

就其所包括的整个范围来看，几乎绝大多数在今天世界上生存着的和寒武纪后已经灭绝的水生动物种类都在其中可以找到踪迹。除此之外，还有一些生物特性显示不明确、无法对其给出足够准确的对应分类的奇特种群存在。但是，对于在其下年代更加古老的土地地层的挖掘调查当中，却并没有发现与其中占据大部分份额的生物带有同类生理特征的先祖的遗骸存在。

可以说，这个时期的地层当中所埋藏的，是一片有着大量旧时代的生物发达分支与衍生品种、却有更多新诞生的生命存在的海洋。也是寒武纪早期生物大爆发的有力佐证。

在珍稀的生物化石遗迹方面，除了之前所提到的水母化石和藻类化石以外，在这片地区最为珍贵的就是保存完整而种类繁多的软体动物化石，其中绝大多数以印痕形式存在于地层的岩石表面。蠕虫类、腕足类、腹足类等典型的水生软体生物在此出现的种类达到了近百种。

除此之外，节肢类动物在这其中的表现也是大放异彩，因为形成过程中一直保持着稳定的地层状态，所以化石形成后，生物身体结构中的软性部件和外骨骼保存得非常完整、生动。基于这点，与加拿大的中寒武纪布尔吉斯页岩动物群、澳大利亚晚寒武纪地层中的埃迪卡拉动物群共同形成了世界范围内三足鼎立的寒武纪时代古生物生态遗迹所在。

在三者当中，云南澄江生物群自身的特殊价值也正在于此，其所包含的这两项特性补充了另外两者所恰好缺失的生物遗迹部分，三者综合起来，给予了全世界古生物学界更加完整地了解和拼凑出那个时代古生物繁衍演化现象与生态环境演变全景的依据和资料。

澄江化石地包含的主要生物种群

沉积和包裹着这些珍贵的远古居民遗体的岩层,在它们当中显得貌不惊人,却是承载着解开一段远古时期跨越近一千万年中关乎如今世界生物繁衍历史谜团希望的钥匙。

澄江化石地包含的主要生物种群

经历了5亿年的漫长地理地质变迁，澄江地区曾经的古代海洋早已变成巍然高耸的山岳。古老的原浅海大陆架的绝大部分都成为山脉以下构筑成其地基的一部分。由浅而深、种类繁多的岩层忠实而稳定地记录着每一次变迁所留下的痕迹。沉积和包裹着这些珍贵的远古居民遗体的岩层，在它们当中显得貌不惊人，却是承载着解开一段远古时期跨越近一千万年时间中关乎如今世界生物繁衍历史谜团希望的钥匙。

标本保存种类的数量和完好程度，是云南澄江生物群地带采集到的化石的独有特色之一。在这个时期内大量集中出现的古代海洋生物，却出于更加令人费解的奇异原因而于同一时间内诡异地大量死亡，以致它们的尸体绝大多数保持在一个其生活习性当中的状态。

这个因素所覆盖的面积之广，包含的物种范围之大，不仅使这片地区的低级生命遭受了死亡的厄运，从它们完好无损的尸体化石上来看，作为比它们在同一片生态系统中层级更高、以这些低等生物为食的动物也没有对这些尸体留下比较显著的、如吞食噬咬一类的破坏性痕迹，这似乎可以从侧面证明，它们同样是这场突然发生的变故中的直接遇难者。

虽然导致这场远古时期出现的大灾变的原因与详情现在已经无从考证，不过对于古生物学者们来说，由这件事情所带来的一项最有意义的影响，就是为研究寒武纪早期生命发展的特殊现象提供了大量时间上最为接近且保存状态近乎完美的生物化石标本。

这是目前从历史时间上来讲全世界所发现的最为古老、门类最为广泛的一个海洋生物化石群。由于其间古生物遗骸的软体部分与本身就主要由软组织构成的动物遗骸出乎意料地完整,也给寒武纪早期的生物形象提供了更加正确而标准的参照,在这片地带被发现之前的学术界所还原出来的生物形象图与所提倡的假象当中的谬误,可以根据这里的动物原体结合修正。在这一点上,最具有价值的部分当属对于包括节肢类动物在内的一些特殊物种的考证工作。

到了今天,我们通过学术资料可以知道,节肢动物的历史起源时期相当古老,其发展演化的过程几乎可以说是伴随和见证了整个地球上生命进化的历程,在这个期间其家族系统也在各个自然环境领域里不断开枝散叶,是目前生物界当中种群和类别数量最为庞大的一种动物。

从很早以前就开始分支变种,到了寒武纪早期的生物大爆发时代,种群的规模更是突飞猛进,为研究和查访于远古时代的早期节肢动物的发展情况制造了非常大的难度。

为了能够详细区分每一段时间内诞生的不同种类的节肢动物分支和新系,拥有明显特征的对应生物化石标本是编辑注明生物品类的重要研究证据。但是问题在于,对于节肢动物尤其是相近甚至同一时期诞生的节肢动物来说,区分两种彼此不同的种类和比对其演化关系最为重要的一点特征,就是它们由外骨骼所包覆着的腿肢,这是一个节肢动物种类最为明显的特征所在。

澄江化石地包含的主要生物种群

但是，生成化石的过程和经历各不相同，复杂的地理变化过程中各种情况都有可能发生。对于体形规格本身就比较有限的这一年代的早期生物，能够从地层深处发掘出的化石当中得到相对完整的躯体主干已经是非常难得的事情了，如果还想要在此基础上获得足以用来区

分细致差别的、极易损毁的纤小腿肢结构。毫不夸张地说，这想法事实上无异于异想天开。苦于受到这种条件的制约，学术界关于寒武纪时期内的节肢动物繁衍进化的系统分类一直处于一个比较混乱而争议甚多的状态。

澄江生物群出于其特殊的生成原因和保存环境，当地特有的泥岩岩层稳定均匀的质地，保证了本地出产的动物化石标本所拥有的远高出其他同时代生物遗迹的完整性。这其中自然包括了占据相当一部分数量的节肢动物。澄江本地的远古节肢动物体现出的特征之一，就是非常原始的体躯分化形式，相较于现代生存着的对相应生存环境产生了有针对性地高度进化的后代们，这个时期的动物躯体的宏观结构相对简单很多，结构部件本身也呈现出形态粗放而总数量少的演化特征，因此形成的个体形态与现代动物在大体外貌的相似性之下存在着比较明显的构成风格上的区别。

因此，通过对澄江节肢动物的归纳研究，可以对节肢类动物的分类关系、原始形态以及演变方向有一个清楚而具体的认识。

仅以节肢动物为例来看，在澄江生物群地带发现的化石中，双瓣壳节肢动物的种类便颇为繁多，体积和形态彼此之间也存在着比较大的差别，在同类动物当中呈现出了明显的生命差异和多样性，这是生物大爆发时期的一种体现。

这些已发现的动物化石当中，体长最小的只有数毫米，而最大型的节肢类动物却可以达到接近1米，两者之间的体形规格相差足有数十近百倍。有趣的是，其中相当多的种类保存着完好的软体附肢结构，与硬质外壳包裹的附肢同处于一个躯体之上。躯体彼此相互连接着的同样形状的壳段以下，包裹着这些不同的软体结构与硬式的附肢。有了这一发现，壳瓣本身的形态就不能作为区别和验证物种分类和相互关系的依据了。由于同处于一片水域环境当中且隶属于类似的种类区间，这批

 澄江化石地包含的主要生物种群

节肢类的外壳作为身体与外界环境直接接触的部分，在演变的大方向上存有同一性和相似性。

按照由附肢和体形等方面的系数所提供的区别来对照，同为双瓣壳式的节肢动物，在这片区域里共包含了22种以上，分属不同的超纲类型。澄江生物群化石所展现的这一特性，为研究早期生命不同种类的起源和演化方向提供了最为翔实、充分的证据。

澄江生物群所带有的寒武纪大爆发时代生物演化特征，在这些节肢类动物的身上表现得一览无余。多种多样的动物门类最原始的始祖品种，几乎同时在这一时段里出现在地球上，其中包含了现今地球上动物当中绝大多数的部分，而且差不多都处在同一阶段的等级水平线上。后期的分化旁系加剧了这种爆发的规模，只是在从这一阶段开始的演化当中，各个不同的种群才开始向一个相对固定的模式中演进。

例如，近1万年的时间内，自然界中生存的绝大部分昆虫头部的体节数目都是一样的。而这些远古时代的原始节肢类动物类群当中，头部体节的数量变化与差异则相对较大，具体数量由1节到6节或以上。根据这一特性，从形态学的角度来看的话，这种演变速率和变化幅度无疑是非常大的，也就是说，早寒武世时期的动物演化速率和规模要比今天的动物们高出很多。这种速度之快，足以让新的构造模式与组合在相当短的周期内就诞生并形成一个具有一定规模的全新群体。

在这个时期内，动物在门、纲这一级别的单元作为分类特征的躯体特点上发生变化和更新的速度，很可能是与种目这个单元级别下产生新

类型的速度一样迅猛。

根据早期著名生物学泰斗达尔文的理论，较为高级和晚期出现的分类范畴是生物由其中一级的分类单元演化，而后逐步积累渐进形成的，从终而始，循序达到其以下的属、科、目、纲以及门等各级的不同水平。这种观点与目前我们所面对的包括澄江生物群在内的古生物遗迹所展现出的寒武纪生物大爆发现象，存在着客观上的相悖之处。

据此，我们可以这样来看，生物学上，突变是常见现象，不过相对于惯常所认为作为物种最主要进化演变途径的自然选择，这依然属于是非主流性质的少数派现象。但是，自然选择这一种途径，很大程度上是一个持续不变的稳定选择轨道，这种规则有可能对于生物的演化进程存在着阻碍。由生物本身基因和生命潜力在需要达到最迫切的阶段，形成突破了自然选择的可能性也是存在的。

事实上，这本身也是对于自然选择这个大概念的一种调整和补充，并未违反这种形式本身的定义。在现代自然界，现生的昆虫和植物也经常见到在自然环境或其他因素的推动下，经过一定程度的自身突变就有可能会形成一系新种出现，而杂交这种现象相比之下出现的情况却相当罕见。

其余种类

有别于加拿大和澳大利亚的古生物遗迹，澄江生物群的形成年代距离寒武纪早期的生物大爆发时期更加接近。同时期在这片地域出现的生

澄江化石地包含的主要生物种群

物当中,除了低等藻类等水生植物和以上所提到的节肢动物一类之外,大量可以视为现代存世的各个动物门类的先祖的动物同时在这一时期涌现,就数量和种群上来说,比起加拿大和澳大利亚两地的生物遗迹,发育的程度更加饱满和繁荣。

截至2012年,当地经过整理分析,暂时归纳确认的动物总数量共169属191种,去除分类不明的特异生物之外,整个遗迹系统当中动物部分占据了绝大多数,共159属180种,植物和藻类共3属3种。

(一)藻类

藻类是最典型的水生植物之一,其历史之古老,可以追溯到地球表面的海洋环境形成并出现生命物质后第一批诞生的成形生命体。水藻的单体体积较小,生理结构简单,繁殖能力和环境适应能力都很强,在现代世界中广泛分布于全球各地的多种不同属性的水域和潮湿地带当中。大至海洋、内海、内陆湖泊等水体环境,小至水塘、溪流甚至沼泽泥塘中,都可以找到这类生物生存的踪迹。其主要生存方式表现为集团出现,漂浮于水面或悬浮在水中,偶尔也会附着在岩石和水中其他固体的表面生存。最主要的特征是没有分枝伸出的

粗细不同、色泽深浅不同的丝状体，家族中有极少的部分呈现出螺旋状体态。

目前在遗迹中已经查明的3属3种分别为1991年发现的云南中华细丝藻、侯氏宏状螺旋藻以及1997年发现的环圈抚仙湖螺旋藻。这也可以算作是这一时期内水生植物所表现出的主要内容。

(二) 多孔动物

这一门动物类别也被称为海绵动物门。它们的形态和生活习性非常有趣，主要以固定在水底固体表面上生存的方式使它们具有一定的植物特色。海绵一门动物的身体构造也比较简单，由内外两层细胞结合构成，在化石上发现的遗骸都表现出呈辐射对称状排列的样貌特色，属于最原始的多细胞动物类型。它们体形大小不定，样式丰富繁杂，是澄江生物群遗迹中列属于生物链下层的动物，也是古代海洋当中的主要基础动物。已查明的部分包括20个不同的属种，分别列于六射海绵纲和普通海绵纲当中。

这一类生物的发现历史与它们种群的诞生历史成正比，最早在此被发现并命名的海绵是于1889年发现的软骨海绵，而在接下来的岁月里，这一属种下的其他品种化石也被不断发掘出来，从命名方式和发现年代上，不难看出其间的发现者身份和年代特色：1919年至1920年发现的有塔卡瓦海绵、掌状海扎海绵、包氏汉普顿海绵以及卡特斗篷海绵；1983年至1989年发现的部分数量比较集中，有次圆柱形细丝海绵、后小细丝海绵、锥形小细丝海绵、网格拟小细丝海绵、球状拟小细丝海绵；1990

年至1999年间发现的则有斜针麦粒海绵、辐射小斗篷海绵、密集鬃毛海绵、小滥田斗篷海绵、小块肠状海绵、对角四层海绵等。

(三) 刺胞动物

海洋世界的生物在进化过程当中,由被动接受水中营养物质到出现简单主动获取食物能力的过渡阶段,产生了一类拥有基本的神经组织和最初级肌肉细胞的动物,这种生物被称为刺胞动物,躯体结构组成比基本没有任何生理主动性存在的多孔动物要复杂一些,也是比较正式意义上的动物演化的开始。

澄江遗迹的生物化石当中存在的这一类生物种类共2属3种,分别是栉水母类和海葵类。海洋中的生物进化脚步由此阶段起,开始逐步向拥有更加复杂的身体结构和功能的动物层次深化。这个阶段出现的物种,至今在全世界海洋当中依然有着相当数量的存在,诸如现在大洋中的多种水母类生物和经常生长于珊瑚礁地带的树海葵,其身体内部结构和生活方式虽然与原始时代的祖先有了天壤之别,但是在大体的外形上依然有着非常明显的相似之处。

(四) 动吻动物

在当今世界保留的动吻门生物体积已经普遍变得非常小了,生活的区域依然保持在浅海海床的泥沙沉积层当中,以沉积层中的有机物质和硅藻为主要食物。澄江遗迹的化石上所展现出的古代动吻门生物始祖体积却极大,体形最大者可生长至一米左右,是当时这片海洋中罕见的大型动物。不过主要的食物来源方面却与后代之间差异不大,以藻类和低

123

等海绵动物为食。身体结构非常有特色,多半呈现为长而分节段的香烟形或圆筒形,头部正面是一张由多层牙床和连齿组成的口器,大脑呈环状,在皮肤和表层肌肉下方围绕贯通整个身体的消化道的咽喉部分生长。

澄江出产的化石中的动吻动物曾普遍被认为也属于节肢动物的一种分支,但其口部和附肢的结构形态与节肢动物并不存在任何相关的联系。这其中的见解之争至今还没有统一的结论。

在此发现的动吻生物包含了4属4种,全部拥有完整的化石,同时在1995年发现,它们分别是优美瓜状肢虫、双肢抱怪虫、云南似皮托虫、帚刺奇虾虫。

(五)鳃曳动物

在现生的代目当中,鳃曳动物的体形一般中等偏小,最大的种类仅能达到8厘米长。身体为圆柱形。全身分为吻、躯体主干和尾部三个部分。属于海洋底栖动物,比较喜欢聚集于低温海洋的浅海地带,在海洋底部富含有机物和营养成分的软泥沙中活动并觅食。拥有密集的体环,但是不呈现体节的外表,是它们的显著特征。

典型的低等浅海生物,于澄江化石中发现的总共有5属5种。具体分别是:1998年至1999年发现的海口始鳃曳虫、锥形原始管虫、小古鳃曳虫、晋宁似管虫,最迟的是于2004年所发现的哑铃形云南鳃曳虫。

(六)其余门类

除了以上所列举的,在整个遗迹化石地带所发现的生物种类化石,

还包括诸如以栉蚕类为主的叶足动物门（6属6种）、以拥有肉质茎状体得舌形贝类为代表的腕足动物门（5属5种）、现今家族已经基本确认灭绝的软舌螺为代表的软体动物门（4属9种）、棘皮动物门（1属1种）、帚虫动物门（1属1种）、以蠕虫类为主的线虫动物门（12属13种）、以陆生多鞭毛外形的多足虫类为主的毛颚动物门（2属2种），其他还有古虫动物门、脊索动物门、暂无归属的不定类群等。

  值得一提的是，其中已发现下属种属群体最为宏大的是节肢动物超门，被发现和记名的有名称项目总共达到61属68种，分属于3个不同的超纲，是整个云南澄江生物群遗迹当中规模最庞大的家族。另外，在本地所特有的遗迹化石当中，也分为7属8种之多。其中包含生物在浅海潜游的痕迹、海床高低阶变化的痕迹、藻类堆叠的大型遗迹以及多种难以辨明具体身份的古代生物的排泄物遗迹化石，是研究当时生态环境与生物生活习性的重要辅助资料。

结 语

　　帽天山身畔的澄江古生物遗迹化石带，有着它不同凡响的意义。这里所遗留下来的，是整卷古老的地球日记当中隶属于这片土地的那一页。

结 语

从中国历史的各个角度上来看，滇藏都是一个充满奇迹的地方，这种神奇的富集从远古时代就在这里开始了它的进程。伴随着沧海桑田的变换，被时间的筛子扫走了一切声色，遗留下来的是那些生命历经千古的沉淀与印记。沉静地卧眠在属于自己的一隅，等待着有缘人的发现，再来把这千万年来的故事细细地说给你我倾听。

帽天山身畔的澄江古生物遗迹化石带，有着它不同凡响的意义。这里所遗留下来的，是整卷古老的地球日记当中隶属于这片土地的那一页。记录的是遥远的寒武纪时代地球生物史上最初所经历的那段辉煌，众多的生命形式在那段时间里如雨后春笋般出现，基因和生命的舞台变得充实而热闹，为这个星球日后生态的繁盛多姿和今天我们的存在奠定了最初的基础。

这片土地上欣欣向荣的一切，却不知道出于什么样的原因而在同一时间内毫无预兆地戛然而止。这其中所经历的秘密以及其余幸免于难的那些生命在这场灾变之后的繁衍过程，都是等待着我们去破译和探索的部分。

武陵源风景名胜区

　　武陵源风景名胜区的主体位于湖南省西北部张家界市下辖的桑植与慈利两县交界地带，武陵源山脉的中段部位，是国家首批荣获5A级旅游风景区称号的风景名胜。

湖南一地，古称为湘。中国的文字向来善于在形象和意义的双重概念上对一种感情与感觉进行概括，"湘"字在字典当中本无除了注解地名之外其他的解释意义与内容，但文字中所包含的细致元素却恰到好处地诠释了湖南这片"多山水，多秀林，宜留目长览"的土地的特点所在。

湖南在历朝历代，便以人杰地灵、多奇峰秀水著称，其中武陵源以其广茂蓬勃的原始森林、奇伟曼妙的综合景观以及在全中国乃至世界范围内所特有的复杂地质地理环境，在湖南众多的名胜风景当中成为一颗独具魅力的明星。

武陵源风景名胜区的主体位于湖南省西北部张家界市下辖的桑植与慈利两县交界地带，武陵源山脉的中段部位，是国家首批荣获5A级旅游风景区称号的风景名胜。

总占地面积接近370平方千米，景区主体占据了其中的三分之二，约为250平方千米。除了张家界国家森林公园和地质公园外，还包括索溪峪、杨家界、天子山三大区域，形成了组成景区主体的4个主要部分。

其中被列入国家三级自然保护区的景区面积达200平方千米以上，国家二级保护区级别的区域面积为55.5平方千米，国家一级保护区的区域则有53.5平方千米，全景区内的景点总数量多达560处。

由于占地范围广阔，临近武陵源的各区域下辖的包括张家界市在内的地市均有各自抵达此处的通道，累计拥有的旅游路线近年来已达14条以上，接近75千米长。这不仅为来此旅行的游客提供了众多的选择，增加了游客们的前往意愿，也从侧面带动了当地其他形式的经济发展。从20世纪80年代开始，当地的原生态畜牧和禽蛋类副食品养殖产业就已经粗具规模，经过当地政府和外部资源的扶持推动，现在已经构成了一整条旅游区所附带的绿色食品产业链。

这里在地质上属于砂岩峰群地貌，其间森林密布，地形变化多端，奇峰与峡谷林立，溶洞与溪流多存，地理景观极其丰富、特异，景区内沟谷遍布，温和宜人的气候与丰富的降水使之一年内绝大多数时间都被漫山遍野的翠绿植被所覆盖，林中动物成群，鸟鸣不绝。

该地区内长期分布生活着5个以上不同民族的人群，多种民族特色文化亦流传其间。基于这片土地所蕴含的多种特殊价值，1982年，张家界于此成立了中国首个国家级森林公园，经当地政府的积极推动和国家的大力支持，1992年6月，联合国教科文组织终于正式将武陵源风景名胜区列入《世界遗产名录》当中。在时间上，这也是中国第一个被成功收录进入《世界遗产名录》当中的自然风景区。

从地图上来看，武陵源所处的地理位置比较微妙。东部丘陵平原亚区延伸至武陵源山脉脚下时，以这里为折点拐了一个弧线，与西部高原亚区的外缘相接。整片区域占地面积比较广阔，外围与之接连的区域地理与生态环境各异，东北方向与湖北相接，西向跨越的最终落脚点则到达了神农架等地，西南方向的边缘止于地处黔东的梵净山。

　　由于相接地带大部分处于陆地之上且在历史上人烟罕至,这样的地理环境为各地与武陵源之间的生物交互渗透和居住地的迁移带来了有利条件,加之武陵源崎岖多变的地形上原本便拥有的广袤森林与这里温和适宜的气候,更加促进了这种生命交流,为当地和接壤地区带来了丰富的物种。

　　由于历史上一直远离人口密集聚居的地带,武陵源地区的交通环境较差,区域内固定生活着的人口数量比较稀少。基于这种原因,这里的物种保留较为完整,生物资源种类丰富,从普通的常见野生动植物到多种濒危的珍贵生物品种,甚至许多远古时代遗留下来的生物品种,都可以在这里寻觅到生存的踪迹。

　　境内森林覆盖率极高,几乎达到景区总面积的3/4,其中有着两片在国内极其珍贵的原始次生森林,那里至今仍生长着我国境内最古老物种之一的孑遗生物群落。整个景区境内分布的受保护濒危种子植物有包括了珙桐、银杏等名贵品种在内的将近40个种类,可谓一座名副其实的天然生物博物馆。

　　武陵源的地质地貌奇特,包含了数量庞大的峰、谷、峡、沟、洞等在内的景观,其分布之丰富变化之频繁,在这片区域中堪称俯拾皆是,鳞次栉比。这得益于远古时代在这片土地上所发生的大量地质运动,除了普通的地形变化,这里更累积了数量可观的地质奇景,在气候和生态环境的作用下,其所呈现出的样貌更是异彩纷呈。

这片地区所拥有着的大片成因独特的石英砂岩峰林是武陵源所有地质奇观中的主角所在，在二百多平方千米的主景区内，密集树立着石英砂岩为主要质地的山峰共3 000座以上，外貌各异，形态分明，无论从质地特性、分布密度和总体数量哪一方面来说都堪称世界独有。

从地理位置上来讲，这里位于武陵源山脉的中段位置，新华夏第三隆起带当中。武陵源本地的砂岩峰林从外表上来看，就可以明显看出其所带有着的强烈的地质隆起和长期风蚀作用的痕迹，证明了其发育成型时间的久远。因此砂岩峰群对于这片区域来说不仅有着地标一样的形象意味，同时也是见证整个地区成型的历史例证。因此，武陵源风景区无论是在生态角度、历史角度还是地质科学角度上来看，都具有无可限量的丰厚价值，是我国最为重要的自然和地质保护区之一。

武陵源风景
主要组成部分

　　中国的传统文化思想与自然风景之间一直有着某种奇特的呼应,武陵地带的山峰这种着力呈现自我存在的形象所带来的感觉是如此鲜明,甚至在一定程度上使之带上了一种"背去世间灯火乱,寒巷自吟与月聆"的清傲的人文情怀。

山情

武陵地带，山和谷是绝对的主角。这一点上，单纯这样讲或许会让人觉得与川滇藏一带山峦林立的景象非常相似。但是事实上，虽然同为山岳，两者之间的类型和情怀上却有着天壤之别。或者说得更有概括性一些，这其中所体现出的，应该是一种整体风格上的差异。

川滇地区的山，依脉而隆，一座座庞然默立，与大地融为一体，山林仿佛也只是附拥其上的缀色。动辄兴起，便可以将那遮天蔽日的身躯连延伸展上数千米，隔离了一切远望的目光，也湮没和闭塞了所有可能的交流，直让古人兴叹蜀道之难，难于上青天。

而相比那种根连于地、默然横亘的山，武陵的山更多彰显的则是个性。它没有那种极尽自我的巨大和磅礴，所注重的只是把自身所有的细致和奇趣在略显单薄秀气的身躯上展现出来。这种性格是如此明显，一些时候，甚至在人眼中看来森林是森林，山是山，两者各自的存在感是平行的。

中国的传统文化思想与自然风景之间一直有着某种奇特的呼应，武陵地带的山峰这种着力呈现自我存在的形象所带来的感觉是如此鲜明，甚至在一定程度上使之带上了一种"背去世间灯火乱，寒巷自吟与月聆"的清傲的人文情怀。

武陵源的特殊地质遗迹景观当中，包含了天桥石门、方山台原、岩溶洞穴和岩溶峡谷砂等，但其中最为奇特而著名的，当属被地质学界命

# 武陵源风景主要组成部分

名为"石英砂柱峰"的砂岩峰林地貌区。

与我国石林、丹霞和国外如美国境内的丹佛地貌相比，其经历的历史地质变化各不相同，成因也各自有别，从景观和形态特色以及群体状态上来说也别具特色，从而同为世界上珍贵的特殊地质历史遗迹景观。尤其珍贵的是，这片地貌不仅区域广阔，生态环境和自然状态被保存得也非常完好，拥有着无可置疑的科研学术与艺术欣赏价值，是武陵源自然遗产的核心组成部分。

一提到武陵源的山，就必然离不开这片此间独有的砂岩峰群。武陵景区内砂岩质地的峰林在国内外均属极罕见类型的地质地貌，层层密布、如林而立的砂岩峰群常被印刷在景观的宣传册和画片以及旅游海报上，是整个武陵源景区最具有代表性的景观。先人曾有赞词曰"奇峰三千"，所指的就是这片山峰高低大小彼此相异而诡奇多姿的形态样貌。

景区内有记载的同样质地的砂岩山峰共计3 103座，成不接连的斜带状分布在海拔500米至1 100米的二百多平方千米的菱形地带当中，疏密无章，高低各异，峰尖的高度最低在四五十米，最高的则可达到400米。

构成这片峰林的主要成分是石英砂砂岩，其形成过程可以追溯到远古的新生代时期，这片地区原本是一片位于海洋之下的浅海海底，后来受地质活动影响而隆起上升所形成的。

海床上所累积的石英砂与其间夹带的包括生物遗骸在内的不同物质在持续的地质活动中形成岩层，突出地面后，石英砂岩上附着的其他松散物质暴露在空气中后被空气流动和降水所剥离，这种腐蚀和风化逐渐

侵入砂岩块群的主体，其中含有钙质等杂质的部分率先被风化破散，加速了砂岩自身的破坏速度。

由于各部分岩石所含有杂质的成分、比重、形态和位置各不相同，从而在数万年的演化当中形成了如今形状大小各异的砂岩峰林的面貌。这里分布的石英砂岩峰地貌，有着共同的石基厚重而质地单纯的特点。

这些形成岩峰的灰黄色岩石当中，石英成分的含量比例平均数值高达80%，由这样均匀纯净、质地紧密的岩块形成的岩层地基厚度达到了足足520米以上，给予了其上矗立着的岩石山峰群们最为坚实、稳定的存在基础。

岩峰本身，当然是静态的，但其造型的妙趣传神，自然环境所带来的气象变化和色彩却赋予了它们生动的形象，引起人们无穷的遐想。形状峥嵘突出的，一如林间飞禽猛兽跃动扑跳，佝偻奇诡的，也如猿猱怪蟒蹲踞引伏；但最吸引人的，莫过于那些形象似人的岩端，形态或婀娜曼妙，或清癯修长，如文生垂首思句，也如宫娥执灯引行，如樵子肩柴赶路，也好似爱侣拥挽相依。

夏秋之际雨水刚过，抑或当日天阴，乌云密布，水气在山谷中凝结成有层次的雾带，缭绕于山群之间，远观石峰，更添一分神秘入胜的感觉。

武陵源地区特殊的地理地貌的形成，源于其所经历的历史地质变迁。而从远古时期所遗留下来的痕迹当中，除了崎岖多变的地形与其间高耸林立的砂岩峰群等宏观景致特征之外，也拥有着数量可观的其他细节，

# 武陵源风景主要组成部分

以各种不同形式遗留在整个地区当中的各个角落中。

以武陵源著名景点之一的回音壁为例，在岩石的剖面上，至今仍然保存着在远古泥盆系地层中形成的砂纹。而在距其不远的跳鱼潭，其岸边有曾经在当地生活过的古代土著居民遗留下来的岩画，在那处岩壁上有着同样自远古时期地质变动中所遗留下来的波痕，作为见证古代地理形式与生态环境的天然标本，和前者一样都是地质变迁之间所保留下来的非常罕见的遗迹，也是作为远古时期这里所经历的海陆变迁的珍贵研究资料。

作为同属一个时期的古代海洋下属的遗迹地区，其留给了武陵源区域中各个地块的遗产也是各不相同的。在单纯的科学研究价值之外，这些形态各异的历史遗迹中的一部分由于其自身所拥有的特质，也具备了更加接近我们生活的现实意义。

在天子山地带，当地所存留的二叠系地层当中发现了远古珊瑚类动物遗骸所演变而成的化石。周边遍布的石英沙土壤所富含的硅质在久远的地质运动当中替换了遗骸中所原本拥有的钙系物质成为了主要成分，在地层中逐渐脱干水分的二氧化硅胶体与珊瑚的遗骸中其他残留或侵入的物质共同生成了质地坚硬、色泽近似玛瑙的化石，因为有着层次分明、形如龟壳上方纹理的花纹，所以又名龟纹石。

龟纹石是在这片地区当中特有出产的雕塑材料，当地的特色纪念品当中，以这种石料抛光雕刻后制成的各色产品最受旅者们的欢迎。经过手工打磨后制成的大大小小的工艺品器件触手温润细腻，矿物所特有的

坚硬中又带有着仿佛存在的胶凝光泽，配以古朴的造型，益发有一种文化与时间交织的情致流传其间。

水情

武陵源山间地形变化的无序和丰富，使流经此处地表的水的形态与样貌也呈现出异常繁多的种类，形成了一套武陵源当地特有的水景族群。在这里的山间和谷下，常见水流环绕，从古至今这片土地上仅仅是拥有名目并记录在册的溪流、湖水、泉涌、瀑布数量就超过了300处，没有被给予命名和尚未经过具体勘探的种种潭、流、瀑、河，依然存有数百处之多。

用百步一溪、半里一湖这样的方式来形容可以说是毫不为过，对应着形容山峦的"三千秀峰"，当地一直以来也就有"秀水八百"的说法。足见其水文景观的复杂和繁多。

构成这片土地景观的一切，仿佛天生就与中国古典文化有着精神上的血缘关系。水的生成和色彩，得益于山林，但它所包含

武陵源风景主要组成部分

的情致,却只决定于它自己。

张家界的水景天生便是自成一系的,它不若九寨与丽江之水那般带有一派鲜明而集中的特色,那近千处繁多的水脉在数量上就决定了它绝不可能仅仅甘属于一种风格和形式。可以毫不夸张地说,这里所拥有的水景族群,包含了除去那些豪江巨湖以外在中国古典地理文献与诗歌词文中所描述过所有的水色形貌,或文秀静敛,或飞扬激荡,或深邃若渊,或明媚活现,泂流于山重岩复,存卧在柳暗花明。

密布的数量和形态的多变完美地将诸般文辞中所描绘的水景无一遗漏地演绎了出来,可谓"一方镜色一解语,一洌清光一文章"了,也以其独特的形式体现出武陵源的"源"字之为何所在了。

半掩在茂密的山林当中,有一条贯穿了1/4景区的较大溪流,名为金鞭溪,是沟通武陵源景区内部分水文环境与外界之间的一条比较主要的渠道。溪流绵延长度接近16千米,远至张家界。

如果行经的旅人有意,由张家界的溪流末段起步,循溪水流向拾步而上,沿岸路途跨过景区之间的交界地带,一直行至景区腹地的索溪峪而方止。一路上,两岸边缘灌木和阔叶乔木丛生,但彼此疏密有致,并不如亚热带原始森林般致密相缠,容易让人产生一种遮天蔽日的压抑感。

这一带的地势起伏变化也相对平缓,阳光从上方透入,加上溪水反射,延岸枝丫最外层上新生的嫩叶呈现一种半透明的质感,给予穿行林间而来的人们一种柳暗花明式的明快和开朗。后方静矗的岩峰从层林的上方探出头来,鳞次而立,与天空和外围的树木一同倒映在静流的溪水

139

之中，随脚步而向后倒退变化，别有一番静动相宜的雅趣。

组成这片地区景致的元素当中，并不只有广泛遍布的山谷沟壑与形态多样的水，还包含了另一种形态的地质存在，那就是溶洞。受所在区域地质成因和环境的影响，在整个武陵源地区，所存在的天然溶洞数量颇多，同时因为结构和成分相似的山岩质地，这里的溶洞普遍都拥有较大的洞窟规模和形态相像的内部结构，证明了它们形成原因的相似性和普遍性。

溶洞是山和水更加紧密地结合而形成的产物。数万年间，由海底隆起而形成的砂岩群山地带经外部气候和一定程度上可能出现过的地质变动影响，整体岩块中有着成分比较脆弱，而易遭到风化和水流侵蚀的结构部位。经山体内部涌出的地下水常年的流淌冲刷，内外气压差别以及内部逐渐形成的生态环境形成的细微侵蚀作用下，经过长久时间的销蚀后而形成了空洞空间。武陵源现在已经探明的大小溶洞超过了40个，大型溶洞占总数量的三分之一左右。

其中最为著名的一处溶洞景点名为黄龙洞，这是目前武陵源已勘探和掌握的溶洞当中最大的一处，洞窟内部全长7.5千米，洞内共分为4层，内部岩壁的纹理层次鲜明，景观奇异瑰丽，内有活水流淌，拥有几处较大的空间。内部完整的形态整体呈现为略显弯曲的莲藕状，是具有东南亚地区主流岩溶景观典型特点的代表性景观。

林情

无论什么样的自然景观,最能吸引人和打动人的景致当中,都必须有生命的存在。对于大自然这个概念来说,在人们印象中这个词汇最普遍的色彩始终是"绿色"。

它是大自然的基本色,这种绿色,不仅源自我们从小所受到的教育和生活中最常能接触到的自然的点滴中所流露的色彩,也是源于我们自身作为自然界物种中的一分子写入基因的本能当中对于生机和生命这两者概念的原始认知。

有绿色,就意味着有活的生命,无论它们是树,是灌木,还是花草,甚至最低等的苔藓,都意味着这里有可以供生命活下去的希望和可能。

武陵源拥有着湖南省境内最集中和繁荣的森林系统,也是本地保存最为完好且全面的原始林带。古老的绿色,年轻的绿色,演变中的绿色,都在这里各安其位。

湿润的气候常年滋养着这里,在整个四季当中都会以降雨的形式将水分均匀地投送到地面上,掉落在枝叶之上拍打着或成声或作响的雨水,演奏出的是这里接近 4 300 种植物在各自蓬勃生长的生命旋律。

区域内,仅木本植物的就拥有接近 800 种之多,列入国家一级和二级保护植物名单的品种共计 23 种;而在林地深处,还存在保存完好的两片原始次生林植物群落,拥有成片的珙桐、伯乐树、三尖杉和南方红豆杉等珍贵的第三纪孑遗植物。这些植物种类的存在,对于当地古代气候、生态环境演变和物种进化等方面的科学研究有着重大的意义。

除了这些珍贵的特殊树种之外,在这片区域内,同时广泛分布着的还有另外一种著名植物,它堪称武陵这片土地上土生土长的一个奇迹。那是一种名为武陵松的多年生松木,这种植物的奇妙之处在于,它存世的珍稀程度之高,是与在这片区域内生长分布的规模成反比的。

除了武陵源这片地带的森林以外,在世界上任何一个角落也寻觅不到;而与之相对的是,在这里所有的植物当中,却唯一数武陵松分布数量和面积最广,群体最大。多年来人们一直无法了解清楚造成这一特定生长现象的原因,因为这种罕见的特性,加之其形态舒秀奇特,分布生长广泛成景,而在本地的植物种类当中,从很久以前开始便占据着不凡的一席之地。

古人曾有诗颂之曰"武陵源里三千峰,峰有十万八千松",便是形容武陵松遍布山岗的青翠秀逸的风致。这是武陵源风景名胜区

中的一种有生命的独特景观。

不仅是独有的物种，在保存完好的原始森林环境中，由于避免了人类高效率的破坏行为发生的可能，这里也生长着大量树龄久远且品种珍贵的大型古树。

相对于其他地区，武陵源景区内的古树和名木普遍有着历史年代久远、品种珍奇、形态硕大、数量分布众多的特点。其中，在武陵源风景区内的张家界村外，存有一株年龄大约一万两千岁的银杏古树，其高度足有44米，主干部分齐胸高度处的直径可达到1.59米之宽，在历经如此久远的时间存活下来之后，至今仍然能按季开花结果。

银杏是我国境内存续至今最古老的植物种类之一，其平均寿命极为漫长，有着自然遗产中的"活化石"之称。

由于数量在比例上的固有弱势，单独将古木这一个存在挑出来看，其在整个武陵源景区当中所占有的分量，无论是基本景观上的份额还是整个区域中作为卖点的意义都相对有限。

由于其存在的特殊性，其中一部分必须对之采取单独维护与照看的相关保护措施，这无疑加大了景区管理的负担和精力支出；反过来，因为围绕一株或一小片区域内生长的古木而过度开放所带来诸如环境的劣化、生态的破坏以及潜在的珍贵物种发生流失等直接与间接代价，都无疑是不可想象和无法接受的事情。因此，单纯从经济和效率角度上来讲，古木在这里体现出的直观价值与消耗的资源相比是并不划算乃至难以达到对等的。

但事实上，我们应当从宏观角度和综合价值等更高的层次上来看待它的存在。在整体角度上，拥有这些年代久远的古木意味着这里的原始环境保护得非常完好。同时，从侧面提升了武陵源风景区作为一处游览名胜在人们心目中的含金量。

无论什么时候，一片土地上的森林与它所拥有的气候之间都有着千丝万缕的关系，植物状态和种类健康完整、分布饱满茂密的森林由于持续的吞吐呼吸与枯枝落叶在土壤表层腐殖过程中所产生的湿汽气团，不断补充着整片地区上方空气当中的湿度，增大了降雨的可能，空气中的细微固体杂质被气团包含的细微水珠不断粘附，逐渐变大生成雨云，在外来冷热气流的作用下形成了雨水，降落下来。

而后，水分被树根吸收、呼吸、蒸发，升腾成新的水汽。在无穷尽地重复的这个过程当中，也就等于是在持续地清洗着这片地区内不断交换流动着的空气。根据国际上多年来自然科学研究的结果，

武陵源风景主要组成部分

一片固定面积的森林生态环境对于空气净化所能惠及的地区，理论上可以达到它自身区域的 2.24 倍。

张家界位于湖南省西北部，武陵源山脉以下，整个景区所包含的实际森林面积达到将近 240 平方千米大小。包括其自身在内，为张家界市及其下辖地区总共制造和保护了方圆达到 520 平方千米地区内的清洁空气。

这是自然赋予这片土地与这里人们的无价财富，也是人们对于自然合理开发和仔细保护获得的回报。对于其他地方的人来说，这其中和谐相处的关系和作用显然值得深入思考与借鉴。毕竟对于人类来说，没有什么比与身边的环境一起更好地生活下去更重要的。

物情

动物是森林的精灵，相对于植物的静态性质，它是另外一种特性的存在。同时，它是整个森林生态环境当中与森林几乎占据同等分量的组成部分。

分布在丛林中的野兽与飞禽，依赖森林为它们带来的生存环境与丰厚的食物，分享着丛林白天在光合作用下所释放出的氧气。同时，动物的存在所制造的新陈代谢排泄物、食物的残骸以及动物自身衰老死亡后分解腐烂的尸体，其自身的整个生命历程中的全部也在为植物们提供滋润生长的肥料，并肩负着传播与种下植物生命种子的任务。

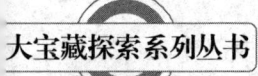

探寻中国自然遗产大宝藏

　　与武陵源景区内由于崎岖地形和少有人类踏足，避免了掠夺式开发而保存完好的原始森林和其中那些品种珍贵的植物一样，景区内生存的动物种类也因此在全国主要自然生态区当中保持着一个比较高的数量级别，称得上是一处南方珍稀野生动物物种基因的天然标本库。

　　经过调查、考证，在武陵景区以内，陆地生活的脊椎动物种类庞大，共包含了50科，超过110种，其中已证实的、在《国家重点保护名录》当中的二级保护动物超过10种，一级保护动物3种。

　　在当地海拔高度中等位置的地区，除了鹿麂和鼠类等动物以外，狐狸、野猪、中小型的蛇类也时有出没。山中复杂纷繁的地形与潮湿、多狭小水域的环境使这里成为爬行类和两栖类动物也适宜生存的地带。虽然于此处暖凉适中的气候状态的原因，蛇类等爬行和两栖类动物的种群规模和数量不如位于南美等地区的热带雨林那种环境下那么发达而旺盛，但是这片茂密多水的森林环境仍然是它们比较理想的生存场所，林中一年四季都有出没的昆虫和啮齿类哺乳动物等小型生物和包含藻类在内的水生植物一起为它们提供了丰富的食物来源，生成了具有这种环境特色的生物群类。

　　整个保护区内的动物种类繁多，仅目前发现并记录注明的国家级保护动物就达到将近30种，丰富的食物来源确保了这些生物可以享有足够的生存资源。这其中不仅包含了一些小型动物，也有对生存环境非常挑剔的大鲵。

大鲵是国家予以特级保护的濒危动物，又名为娃娃鱼，是一种蝾螈科的两栖动物，栖息在沼泽地、泥塘、溪流深潭和湖滩泉水等潮湿地带，以昆虫和小型水生动物为食。因鸣叫的声音尖锐高亢，有些类似婴儿呀呀啼哭的声音，故而得名。在它柔软的身体表面，一般呈现出黑和褐黄色相间的保护色，没有角质化的外皮，体表的最外部生长的是一层可以分泌黏液以润滑身体并隔绝外来病菌和其他污染物的黏膜，因此为了避免白天日晒旺盛的环境下身体出现脱水而习惯于昼伏夜出。这种动物的存在，也从侧面体现了武陵源地区环境的优良程度。

景区复杂地形的表现不仅局限于地表的崎岖，过于频繁的地形起伏，也打乱了海拔高低之间过渡的直观界定标准。受这一点的影响，同时由于低海拔地区食物和水源的丰富，本该在海拔相对较高的地区生活的一些特殊哺乳动物也经常在相对较低的中下层林区内有所出没。

在海拔 400 米上下，由高大的南方红豆杉和篦子三尖杉形成的山区林带与常绿阔叶林形成的交错相接地带中，是被列为国家保护动物的云豹、猕猴和金钱豹等珍稀野生动物生存的主要区域。其中猕猴的数量较多，经过当地粗略统计，有 2 个 ~3 个猴群，总数量超过 320 只，可算是我国南方总数量最大的一组猕猴种群。

景情

时雨急云，朝风暮雾，是亚热带山区原始森林地带气候的一种典型气象特征。丰富的地表水，在昼间阳光的照射下缓慢而不间断地蒸发，

与同时在进行光合作用的森林枝叶呼吸间升腾而出的水汽密集汇聚在这片地区的上空。

终年不散的巨大的湿气团,像站在街心向八方来客挥洒技艺的魔术师,自由写意地将路过这里的各路外来气流信手拈来,当作道具使用,制造出这里频频变换的风、霭、云、雾、雨,使这里具有了频繁"变脸"的气候环境。

虽然气候适中宜人,但是武陵源依然有着四季的区分。春、夏、秋、冬之间都有着可以辨认的气象特征,可以用体感温度来区别气温的差距,这一点与热带气候的丛林形成了对比,也是比较典型的带有我国南方地区特色的森林气候。

在四个季节当中,武陵源地区持续存在的气象景观就是云雾。武陵源风景名胜区的云雾景观可谓驰名数省,在这一点上,这里的云雾也承袭了它们的前身——武陵水系的特色,不仅形态变化无穷,规模和浓度以及在整个地区所塑造出的宏观景致也是一日千种。如果说武陵源的水景族群可算是一部中华中小规模体积的水景种类图鉴的话,那么这里就可以说是一个汇聚了天下云景特色,进行集中演示的云雾基因博物馆。

根据探险家和旅游者们的描述整理、汇总,武陵源地区的云体变化形态被粗略地分为了五个种类:最普通的云雾,日常流弥不散,或浓或淡地缀于山林之间;沃化浩荡,弥漫方圆数十里的云海;随风向而不时铺卷奔流的云涛;无法形成雨云的浓重水汽汇聚在高处空中、沿地形或悬崖走向,以无声无息却又铺天盖地的庞然之势倾落流泻的云瀑;在光

武陵源风景主要组成部分

照与林间、水上映出的色度之间幻化出诸多色彩的云彩。它们之间的生息过程，往往又是彼此相连的。

每逢夏秋相交的时节，午后山中常见阴雨，雨后便是观赏云雾的最佳时机。待到雨水见缓，初停。在雨后拥有比平时略高的气压的环境下，在清冷微寒的空气中飘散的潮气浓度大增。银白色的、如棉若纱般的雾，就从这时候悄无声息地开始生发出来，由薄而厚，由丝缕而细密，山风吹过也不会破散开来。

它诞生和扩散的速度是如此之快，从在山脚下开始登山之时也许还仅仅只是略见端倪，尚未行至山麓时，它便已经重重朦胧地、如一场梦境般地涌来，淹没了，又超越了人的脚步之后，也不停止，就这样无声无息地一直朝上方漫去。回首观望，背后绵远折宕的山川河谷已然消失在白色的云中，四下里仅可见身旁数步之境。

这种吞没的势头中，不包含有任何的戾气和凌厉，只有一种浩大的、如无目的般自顾自的浑噩。当登上那座足够高的峰顶，你会发现，这片浩荡浮茫的白色已然取代这里原本起伏的山峦与沟谷，成为新的地平线。

那些原本供人仰视、样貌突兀多变的石峰也突然谦逊起来，安分地将自己的绝大部分身躯隐入了这片看起来浩渺无边的白色当中，只有一部分的峰顶从云中浮凸出来，却只如这片云间平原上一片古城断垣。经时光与风尘毁磨之后，仅余三三两两依然矗立于此的残墙石柱一般，彼此相隔有远有近，更加能让人感到其中的久远。又恍如逍遥海上，蓬莱

探寻中国自然遗产大宝藏

岛外，一处处越出仙海波涛四下而立的礁石，在烟波翻滚的浮浪中高低错落，静列如阵。其上散生着的苔绿和曲松，在远天白云中延展出了几分青翠的逸秀，然而其后近乎磅礴无际的白色云海，却又使这幅景象带上了几分云深不知处的神秘。

远方的天边，云层将散而未散，将下午时分的阳光遮挡得似出而未出，使得雨后天空的色泽显得愈发薄淡高远。几千年前，这里便是如此；几千年后，这里还将是如此。

此间之人无论你我，无论情怀如何，最终也只能是偶然得缘向这片大自然投下一瞥的过客，如此而已。立于山巅，由近及远地从脚下这片仙境瞭望开去，眼见的是彻地连天的浩荡和辽阔，所感到的，却始终都有一份由腑及心、难以掩去的怅然与怀殇。

结 语

武陵源风景名胜区,因其地理地形奇特多变,而局部地貌富有独特魅力,而获得了"自然迷宫"和"天下第一奇山"之美称。

探寻中国自然遗产大宝藏

武陵源风景名胜区因其地理地形奇特多变，局部地貌富有独特魅力，获得了"自然迷宫"和"天下第一奇山"之美称。同时，既是中国境内第一处世界自然遗产称号的归属地，也是中国最早被国家给予专门保护性规划的森林生态资源区所在地。其存在意义和所具备的历史和科研、经济价值无可限量。

不过，也应当注意到，在作为风景旅游区对外开放的过程当中，由于旅行者中的一些不文明行为和由于人类介入频率变得频繁而导致的不可避免的环境退化，使景区当中已经出现了一些无法以人类力量弥补的生态衰变现象。

所以，有鉴于此，在将来的时间里，既要维持对外开放的状态，保证内部新景观的深入开发进度，也要严格控制和规划整个开发过程。这其中的度究竟应当如何把握，还需要当地负责管理与守护她的人们自己逐步地摸索和付与斟酌才行。

中国南方喀斯特地貌保存地

在地理上，经常提到的喀斯特地形，就是岩溶地貌。基本样式是发育在以石灰岩和白云岩等碳酸盐为主要成分的岩层上的一种地貌形式。

探寻中国自然遗产大宝藏

地理学，是一门几乎与人类文明同龄的学科。进化到这个层次之后，聪明、善于思考和记忆的灵长类动物的发达大脑对于这一类知识的探索和记录行为拥有着先天性的适宜性。

同时，人类最早的地理记录也是一项在当时非常现实而必要的学问。古代人类的生活范围有限，生存的艰辛让他们不得不在满足当天的饮食需求之外尽力去思考和记忆曾经探索过的所有拥有生存必需品的地带的情况，来确保能够长久获得足够的食物供给。

原始部落和穴居人群的遗迹当中，在兽皮与岩壁上所展现的除了经常能够见到的捕猎和生活图景以外，最多出现的就是形态各异的山川和森林的地形景致图像。这不是对于记忆中视觉印象单纯的艺术发挥，而是一种对于生活劳动过程的非文字性记述。

在结合了后来出现的一些信仰方面的概念之后，这种粗糙的图像记录逐渐升华成为一种在人群聚居区当中描述伟大土地与山川存在的象征性存在，供人们作为崇拜和精神寄托。

而在后期人类自身文明崛起并被称为强势主流的文化存在之后，尤其是文字的发明和使用，更加激发了人们对于读取和记录知识的兴趣与欲望，抽象单纯比崇拜解释已经不能满足逐渐理性化、细致化的人类文化的需求，于是人类开始了自己对于大地的探索，并将所获的点滴知识记录在书册上。这种探索和记录的行为，就是当今地理学的前身。

"喀斯特"这一词汇的初始来源,出自南斯拉夫西北部地区的伊斯特拉半岛上的石灰岩质的高地的名称,词汇翻译过来,意思是"岩石裸露的地方"。因为这片石灰岩地带发育着典型的岩溶地貌形式,所以喀斯特这个词汇也被国际上学术界通用。

作为对岩溶地貌的代称,中国是全世界喀斯特地貌分布最多也最为广泛的国家,也是对喀斯特地貌的具体现象进行记述描写与研究最早的国家,多种多样的喀斯特地貌,大大小小地遍布于全中国的所有省份当中。2006年,由云南、贵州、重庆三地拥有的喀斯特地貌所共同组成的申遗团队,以"中国南方喀斯特"系列申报的名义提交了申报世界自然遗产的项目书。

2007年6月,在新西兰召开的第31届世界遗产大会上,"中国南方喀斯特"申报项目接受大会审议,经过21个成员国的投票表决之后,结果显示通过,中国南方喀斯特自然遗迹由此正式被列入了《世界遗产名录》中。

性质

在地理上,经常提到的喀斯特地形,就是岩溶地貌。基本样式是发育在以石灰岩和白云岩等碳酸盐为主要成分的岩层上的一种地貌形式,在全世界范围内都极为常见,呈现的具体形态视发育的程度与具体环境的影响力度不同而存在着或多或少的区别。

中国的喀斯特地貌,尤其以申请世界自然遗产的云南、贵州与重庆三地出现的喀斯特地貌为主,具有整体面积大、地貌形态多样、富有个体形成的典型特征,还有当地生物种类与生态资源丰富的特点。

喀斯特在中国境内分布广泛,从北至南的分布位置在地图上标注出来以后,其形态组合呈现出如同一只在中国地图上昂首扬翅欲飞的天鹅的形状。

处于南方地区的喀斯特地貌覆盖的面积总和超过了 50 000 平方千米的区域,这片区域主要涵盖了云南省与贵州省境内的一些地带,也包括广西壮族自治区和重庆市下辖地区等部分地方。

整个南方地区的喀斯特地貌面积占据了整个中国喀斯特地貌总体份额的一半以上,具有集中性强、地形特异区域多、出现区域广的特点。在这里出现的多种多样的喀斯特地形地貌,展示了一个气候和环境温润多湿的热带到亚热带地区的庞大喀斯特地质群体。

分布

组成中国申请世界自然遗产的南方喀斯特地貌组合的三处地点,分别是云南石林的剑状、柱状以及塔状喀斯特地貌,贵州荔波拥有的森林喀斯特地貌,重庆武隆的以地缝、天洞、天生桥等地质景观为代表的立体喀斯特地貌。

形成年代由 50 万年至 3 亿年不等。作为提名地点的核心景观区域,三者的总面积达到 480 平方千米,缓冲区的总面积则达到了 980 平方千

 中国南方喀斯特地貌保存地

米之多。作为南方乃至全中国范围内最具有规模和代表性的喀斯特景点，也是全国文明的自然地貌遗迹，这三者各自拥有着其景观的独特之处。就展现出来的景观形态本身来说，彼此之间的差异性甚至远大于共同性。

（一）云南石林喀斯特

云南石林，既是一处地名，也是这里一处享誉全国的奇特地质景观的名字。石林位于滇东高原的腹地，具体地理位置处于石林彝族自治县境内，与云南省会的昆明市之间有七十多千米的直线距离。得益于云南温润宜人的高原环境，石林一地的气候与温度四季平和、均匀，冬夏季到来时也不会伴随明显的极端天气出现。这造就了当地茂盛繁荣的植物景观，因此从很久以前就已经是非常有名的游览与避暑胜地。

云南的石林景区面积达一千多平方千米，其形成的年代可以上溯至2.7亿年前的远古时代。广阔的范围和漫长的地质演化过程使这片石林拥有了涵盖地球上多种喀斯特地貌类型的丰富景观，整体气势深广恢宏。拥有的景观包括突出尖锐的石牙、峰丛、钝状的溶丘、溶洞和溶蚀湖，以及在石林间形成的瀑布和地下河。

多种景观错落分布，石林当中道路回转蜿蜒，深入其中观赏的旅者便恍如真的走进了一片童话中所描述的由岩石生长而成的森林迷宫。石峰的形态各异，从一个角度看起来齐整如军兵列队，在另一个角度、另一片光影之下，看起来又可能有如乱舞群魔，斑斓的石层内质在峰体上不时闪现，对比衬显出其外部经历风霜的沧桑。

探寻中国自然遗产大宝藏

纵观景区全体，除了作为主体的喀斯特石林之外，另有面积达到350平方千米的自然保护区，容纳了一片山水林木齐全的天然森林于其中，生活着超过40种以上的动物。整个景区可以分为8个主要组成部分，除石林景区外，还有长湖、飞龙瀑（大叠水）风景区、月湖、奇风洞、芝云洞、和黑松岩（乃古石林）景区和位于保护区核心的圭山国家森林公园。

这还不是整个景区所拥有的魅力的全部。这地区是撒尼土著居民世代居住的祖地，其独特的民族文化与风情在当地乃至全国流传广远，彝族文字所记录的古老撒尼叙事诗文《阿诗玛》更是新中国第一步彩色立体声电影，至今都是国内著名的香烟品牌之一。

每年农历六月二十四，是彝族传统的火把节，撒尼人在这一天举办盛大的庆典和狂欢活动、摔跤、斗牛、酒会是常见的项目，从傍晚持续到深夜的火把狂欢节壮观奇妙，被誉为东方狂欢节。这份原始而自由洒脱的风情与快乐，成为一年一度点缀这片土地的一道亮色。

（二）贵州荔波

荔波喀斯特所属的荔波县位置比较独特，在行政上，它归属于黔南布依族苗族自治州，然而其地理边沿又有一部分伸入邻近的广西省境内，属于双边交界地带。

茂兰国家级喀斯特森林自然保护区位于荔波县的东南部分，总面积接近220平方千米，由东南部的喀斯特森林区，相对处于中部的甲良镇动听五针松保护点，最西段的小七孔喀斯特森林科学游览区三个

中国南方喀斯特地貌保存地

部分组成。

与云南石林的闻名遐迩相比,茂兰喀斯特森林的情况可以说是与之截然相反,这里在相当长一段时间里都是籍籍无名的。20世纪80年代,来到茂兰喀斯特仅有少数的外国探险与野地旅行的狂热爱好者,国内的旅者更加是寥寥无几。

由于开发程度有限且处于相对荒凉生僻的地带,来到这里唯一游览的方式只有步行,这对于绝大多数没有专业登山和野外生活经验的人来说无异于是一个巨大的挑战与难题,也阻挡了很多人意欲一探此间究竟的步伐。

与这份艰难和危险成正比的是,这个地区也有着在全国范围内罕见的、保存完好的优美景致。2005年,《中国国家地理》杂志社主办了一期关于中国最美地方(景点)的评选,贵州荔波以其优良的资质压倒众多驰名已久的名胜风景游览区,获得了列居全国网络投票排名第二的成绩,将"中国最美森林"的桂冠收入囊中,这片景区当中所蕴藏的魅力之深邃由此可见一斑。

在这里,主要有以喀斯特原始森林、水上森林以及特殊的"漏斗"森林等"荔波三绝"为核心的特殊景致。喀斯特岩石之上,主要由风化

和雨水冲积累积而成的土壤层质轻薄贫瘠，地质状态脆弱的喀斯特地貌中生成如此茂密的森林，在全世界范围内都十分罕见。其中最有特色的当属漏斗森林和水上森林。

被生长于此间的原始森林所密集覆盖的喀斯特峰丛下方形成了一块被群山封闭起来的窝状地形，底部有漏斗状的泄水洞存在。窝区当中树木茂密，愈向下行，地形就越陡峭和变得垂直，整个"漏斗"从缓冲区域到底部的锥尖部分的落差基本处于150米~300米，下方的景致深邃，基本没有人类涉足，其中环境数千年来都保持在同一状态下。

相比看来，水上森林则更加具有欣赏性。这片森林生长在一片岩石作为地基的水岸之上，作为森林成员的树木的树龄多数接近或超过了百年的水平。规模发达而庞大的根系裸露在石面上冲流而过的水流当中，密密麻麻或粗或细的根枝紧抱缠绕着下方的巨岩。

湍急的水流在树下齐膝高的位置急速流泻，成片的森林如同从水中生发出来一样，其中尤其明显者甚至独自端端正正地生于水中凸起的巨石之上，盎然挺立出一副顶天立地的身板儿。在水流下游的小七孔鸳鸯湖上，岸边外伸的森林于湖中拦腰掐紧，截出一段七百多米长的水上林荫道。

上游湍急的水流到了这里便没了冲涌激荡的劲头儿，自顾自地放缓了步伐，行舟于这片水上，便如与方才换了一个世界般，水流无声，树枝轻垂，前后的湖水碧清如晶，幽然如镜，使人心情舒缓静沉。

(三) 重庆武隆

武隆地处整个重庆市辖区的东南边缘,具体地理位置处于乌江下游,在彭水以西地带。

距离重庆市区直线距离达170公里之遥。与所属城市的繁华中心区域相对比虽然略显偏僻,但四下连接的地域非常多,北接丰都古城,南连贵州省的道真县,西向则与涪陵和南川相连,数条省级之间彼此连接的交通要道环城而过,是连接邻近省市地域的天然交汇点。由于地势形态和这种地理环境,从古时起武隆便已经拥有了"渝黔门屏"的称呼。

处于这种地理位置,其历史和文化底蕴的深厚程度自不必提。单就其境内所保存着的喀斯特地貌的独有特色来说,在全国范围内也无疑占据着首屈一指的位置,其所拥有的天下第一洞、世界罕见的由喀斯特类型地质系统形成的后坪天坑与亚洲最大的天生桥群,使武隆景区的天然喀斯特地貌的价值无疑在整个中国南方喀斯特申遗组成当中占有重要的地位。

被称为天下第一洞的芙蓉洞,是目前为止全亚洲乃至全世界所发现规模最为宏大,景色最为壮丽和丰富多彩的一处喀斯特岩溶洞穴景观。芙蓉洞的主体,是一个超大型的石灰岩洞穴,洞穴走向的水平剖面图呈现出不规则的豆荚型,全长在两千四百米左右。

在喀斯特系统下形成的石灰岩洞壁与洞体本身的质地十分脆弱,能够在长久以来的岁月里完全没有受到任何地质活动与人类活动的冲击和影响,至今仍然处于完好的发育状态当中,不得不说是一种难得的奇迹。

整个洞穴内部空间宽大，洞壁的垂直剖面形态呈现出一种竖窄横宽的类矩形样式，但绝大多数地带的宽度与高度之间差别并不大，平均都在 30 米~50 米，平坦时如同天然生成的地底走廊。整个洞穴下包含数个开阔地带区间形成的分段，其中景致最为壮观、规模最为庞大的洞室，被形象地命名为"辉煌大厅"。

这里是一个底部面积超过 11 000 平方米的巨型洞室所在，由无数垂生其中如同冰林倒悬般形态各异质地相殊的钟乳石所点缀，其样式琳琅满目，在外部各色结晶体包裹下的灰白与浅黄色相间的石体经光线照射，所呈现出的色彩晶莹璀璨，加之洞内无数钟乳表面发生的无数次散射和反射，"辉煌"二字可谓实至名归。

其规模形态与种类之完整，在国内皆属极度罕见，而洞内石化池中依然在缓慢发育的珊瑚状、犀角状方解石的晶花以及洞壁上遍布散生的诸多方解石、卷曲石和石膏所结成的晶体簇则是更加珍罕的景观。整个大厅洞室如同一座连时间也被凝定于此的冰封宫殿，只把它的传奇展现给自己欣赏。

相比于发现和深入勘探与开发时间较晚的芙蓉洞来说，深藏于后坪一地遍布山中的竹丛与森林当中的天坑群，在国际上打开知名度的时间反而要更加超前。

这片地带位于重庆长江三峡最知名的旅游线上，地理上位于武隆县后坪乡的境内，距离武隆县城超过 80 千米，属于武陵山系的一部分。从很早开始就吸引了国内外大批的科学家和科考队前来勘探和调查。

中国南方喀斯特地貌保存地

这片总占地面积达 150 000 平方米范围内的 5 个天坑，都是靠临山崖绝壁，坑面形态呈圆桶状，直径与天坑深度均可达到三百米左右，而在每处天坑下方的地洞里面，都隐藏着规模更加巨大的下层天坑。

原本对于喀斯特地带这种可溶性岩层极深又拥有丰富地下水源的地层来说，天坑这种地理现象并不罕见，但是规模如此之大、数量如此之密集而集中的天坑群区域在世界范围内却存之无几，加之其上拥有的大片原始森林和当地生成的石林，这片区域无疑拥有着极高的科研地质学价值与探险价值。

在某种意义上，武隆的天生桥，是武隆一地三大景点当中最有价值的经典所在，也是全国罕见的地质奇观与自然地理与生态保留地。景区内部以青龙桥、天龙桥和黑龙桥三座天然生成的石拱桥为核心的亚洲天生桥群，是武隆一地喀斯特地貌景致最大的特点之一。

天生桥由石灰等岩溶岩石受流水和气候剥蚀而形成，具体形态为：下方有较明显的中空区域，上方架连两处地带之间的巨型岩石体。武隆的三座天生桥均位于仙女山和武隆县之间，天龙桥作为天生第一桥，跨度达到 300 米，桥的整体高度在 200 米左右，因其在地理位置上首当其冲，位居第一，而形态高昂，拥有顶天立地之势而得名。

这座天然石桥在其宽大的石体以内还拥有着相对独立的洞穴系统，其中洞与洞相连，在洞道当中另有洞口和其他走向的洞道存在，犹如密布石桥腔体内的天然迷宫，颇为奇伟壮观。青龙桥是桥群当中的第二座，也是三座天然石桥当中与下方地面之间的垂直距离最高的一座桥，桥体拱顶高度达到了350米，宽150米，跨度则有400米之远，整体形态修长而宽健，形态明显的拱体生动而富有极强的立体感，整体的形态犹如从山中探出一支强健有力、肌肉隆起的手臂深深压进对面山体当中，又有如跃行山间欲飞腾而去的青龙之脊一样，故而得名青龙桥。黑龙桥作为三座天生桥的左后一座，其桥孔幽深黑暗，桥体较宽，形态怪异，如同盘踞其中的一条黑色巨龙。

申遗

在中国境内，各地都或多或少地存在着作为构成喀斯特地貌基础的石灰岩地质带，因此广泛存在着种类和品貌多样的喀斯特地貌景观。处于南方地区的主要喀斯特地貌分布区所覆盖的地域辽阔，这些最为壮美奇异的景观也多出于此。

这些由单纯山岩和水造就的奇迹，在数万年的岁月里得以变成今天的样子。谁也无法想象，简单到无以复加的生成经历与质地，经过时间的雕琢，却可以展现出如此令人意想不到的光彩与线条。

为了能够让国内的喀斯特地貌当中的这些罕见景致获得国际认可与更加广泛的知名度，为中国自然风光更大程度地获得知名度与挖掘其综合价值，将其申报世界自然遗产是一种行之有效的办法。

在地理上，南方喀斯特是一系列贯通相连的地区所组成的，其总体面积超过了目前已有的世界自然遗产项目当中的任何一处单项景观，过多涉及的地域与景点本身也削弱了其作为世界自然遗产所应当具有的景

观代表性和突出性。

因此，有选择性地对之进行筛选，对其中最符合申报目的项目的景点进行组合申报，就成为一种非常现实的做法。这种申报方式的特点是可以保证所选择的景观点位在一个连贯的框架内，比较符合集中展示中国南方喀斯特地貌景区的多样性和主要特点的要求。

1991年8月，云南石林首次以"中国喀斯特"的名称提交了申报世界自然遗产的申请。次年，云南石林成立了以申报世界遗产准备过程为使命的石林风景区申遗指挥部，设置了完善的组织结构和功能划分，从政府到民间的参与者都摩拳擦掌地准备应对申遗工作。

2001年，联合国教科文组织下属的世界遗产中心和国际自然保护联盟（IUCN），在马来西亚穆鲁召开了亚太地区喀斯特生态系统与世界遗产论坛大会。在会议上，教科文组织官方明确提出不接受任何单个喀斯特景观对世界自然遗产申请行为的声明，为这场踌躇满志的申遗行动泼了一盆冷水。

不过，事后经过咨询和协商，世界遗产中心和IUCN的专家对中国明确表示，不能够以单个景观申请世界遗产，但是也愿意协助和支持"中国喀斯特"景观进行捆绑申报，并推进对其的保护和管理工作。

2004年9月，教科文组织的代表与我国建设部的人员在昆明举办了关于"世界遗产生物多样性保护"的国际研讨会。在会上，由IUCN的喀斯特专家与国际国内的相关学者一起针对中国喀斯特地域的分布情况进行了分析和总结后，提出将最终申报世界自然遗产的项目名称由"中国喀斯特"更改为"中国南方喀斯特"，这项议题得到了与会的绝大多数国内外专家和相关人士的支持。

2006年3月，时任教科文组织世遗中心主任的弗朗西斯科先生致函中国联合国教科文组织全委会秘书长田小刚，告知申报"中国南方喀斯特"的项目文本已经通过世遗中心的审查并送往IUCN总部进行评审。申遗的脚步按照所有人的预想和愿望稳步推进。

2007年，在新西兰基督城召开的第31届世界遗产大会上，"中国南方喀斯特"项目由此次大会上21个成员国投票进行表决。国内外人士为此投入的精力和愿望所凝聚而成的努力并没有白费，新西兰当地时间6月27日下午，"中国南方喀斯特"申报项目接受大会审议，在傍晚时分通过了21位成员国代表的集体审议，正式列入《世界遗产名录》当中。

结 语

　　这些奇特而美丽的景观对于它所在的任何一个城镇、地区、国家来说无不是一种特殊的财富。它不仅是物质上的,也是美学和精神上的。

探寻中国自然遗产大宝藏

我国所处的地理环境十分复杂，加上国土面积庞大，涉及的地质和气候区域繁多，使得这片土地变为了集藏着大自然手笔造就的神奇地质景观的一座天然宝库。只有亲身经历过之后，人们才能够体会到，风、水、石这三种元素在大地的自然律动之下形成的搭配，其实是远胜人类想象力所能达成的色彩和形构的。

这些奇特而美丽的景观对于它所在的任何一个城镇、地区、国家来说无不是一种特殊的财富。它不仅是物质上的，也是美学和精神上的。其形成的原因贯穿了历史与时间，形成的状态结合了地理与气候，形成的情致则联系着此间人们所传承的文化与心境。

它们不仅是自然界的一部分，也是个人和社会生活的一部分。无论充当的是亲身游览徜徉的环境，还是墙上偶尔一瞥的景图，都以它或多或少的微妙力量影响着我们。既为我们的联想提供了空间，也为我们的脚步提供了更遥远的目标，告诉我们，这个世界，原来并不只是你身居所在的这么小小一隅而已。

中国丹霞地貌

丹霞是一种地理学的业内术语,其主要描述的是一些呈现出与普通的岩石土地不同的、颜色深浅不一的红色地表与地层,并有着特殊地貌特征的地质景观,全称为丹霞地貌。

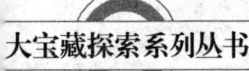

探寻中国自然遗产大宝藏

土地，是数千上万年以来，这个星球上的人类所赖以生存、繁衍和进化的基础。人们从这里获取食物、温暖、生活和生产的资料，以及各种各样的知识和智慧。既生于这里，在生命走到尽头之后，也将回归于这里。

它就像一片宽广的摇篮，为其中生活着的我们提供了一块得以成长、发展的空间。从远古时期开始，人们对于这片环境就存有着一种莫名的特殊感情，随着时间推移，人类集团逐渐发展起来，像初懂了一些世事的青少年，开始尝试着去准确地剖析和把握这种感觉。

盲目地崇拜和尊重由此变为一种好奇和争强好胜的征服欲，对于其中所蕴藏的那些奥秘和奇观，人们开始跃跃欲试地希望根据自己所掌握的知识来探求真相，让自己能够更好地了解这片生养自己的土地。历史上最初的地理学者与探险家，就来自这些人当中。

到了今天，人类无止境探索和开发对自然所造成的影响有好有坏，有些恶性的影响甚至是无可挽回的。但无论结果如何，我们都应该用客观和公正的眼光去看待这些行为，其所带来的负面影响固然无可否认，但通过探索所展现的自然风貌与秘密，也为人类文化与学术历史添加了无数珍贵的财富。

丹霞是一种地理学的业内术语，其主要描述的是一些呈现出与普通的岩石土地不同的、颜色深浅不一的红色地表与地层，并有特殊地貌特征的地质景观，全称为丹霞地貌，国际上则通称为"红层"。

中国丹霞地貌

主要表现方式是由地质变化形成的沉积地层中出现红色层带为主，其形态绵长起伏如云霞，颜色淳赤如丹枫，是一种成像壮观、形态瑰丽的地貌形式。中国丹霞地貌分布广泛，主要出现的地带分别位于贵州、江西、湖南、浙江等6个不同省份中。

经过统筹安排后，由湖南省牵头组织捆绑合作，于2006年启动申请世界遗产的准备工作，次年，国家建设部正式对此事立项批准，提交申请。经过一番考证与讨论之后，2010年8月的第34届世界遗产大会上通过了表决，由教科文组织下属世界遗产委员会批准，以"中国丹霞"的最终名称成功申报了世界自然遗产，由此正式列入了《世界遗产名录》当中。

性质

丹霞地貌是我国对于此类特色地质景观的独有称谓。这是一种主要在环绕西太平洋的地质活动较活跃的大陆边缘地带断陷盆地中古代极厚地质沉积物上形成的地貌景观，拥有明显的色泽特点。

形成这种颜色主要是由其特殊的质地所决定的，在构成积块的地层沉积物当中，存在着大量的砂岩和砾岩，堆积相叠。对照反映了一个古时期干热的气候条件下地表石质受到充分氧化的陆相湖盆地地形的沉积环境。

对于拥有丹霞地貌的各个不同地区而言，具体的景色各有千秋。但从中国丹霞所展现出的普遍特征来看，通常都是拥有外观比较明显的红色山体和岩土覆盖区，形态分明的陡峭悬崖与数量密集、落差深度和垂直角度较大的峡谷。

地区以内岩石密布、地形崎岖陡起陡降是其最为显著的宏观景致特点，因此形成为数众多的高落差瀑布与河水溪流。同时，由于多数区域都处于广袤的原始森林覆盖下，从远处眺望，在这类地貌区域内往往有着非常显著的地表色差形成的特殊景色。

山身橙红明艳，山间林木葱郁，其下水光幽绿，外加蓝天白云铺展其后，景致显得极其生动饱满，瑰丽之余也不乏高山险谷的气魄，是全世界范围内非常难得的特殊自然景观。南方潮湿温润的气候状态，与这种环境的形成是有着很大关系的。

含有矿物质的氧化沉积物岩层在风化后与草本植物枯枝落下产生的腐殖层共同生成的土壤，虽然对于植物生长并不是非常良好的圃地，但是充足的降雨和温暖的环境足够弥补其中的不足。

在东南季风形成的湿地气候催动和滋润下，典型的亚热带环境下的常绿阔叶林以及其中的生物群落和生态结构蓬勃发展，形成了地表景致

中国丹霞地貌

之外的另一种风景。

在世界生物地理系统当中，中国丹霞所充当的是整个体系下两个生物省（"中国亚热带森林"和"华南热带雨林"）在生物多样性方面的系统代表角色。其所在区域是中国南方传统的湿地森林密集地带，按照世界野生动物基金会的划分，丹霞地貌下属地区位于基金会全球生物区中的中国东南——海南潮湿林生态区，拥有毋庸置疑的区域系统的历史与群落的原始和完整性。

数百种动物在这里生活，其中包含的大量亚热带濒危动物种群占据了总量超过 1/10 的份额，在该片区域以内所特有的生物物种数量也超过了 40 种，拥有比较高的研究和保护价值。

中国的丹霞地貌分布广泛，单体景观的总数量极其可观，目前统计出的并记录在案的全部拥有明显的红色砂岩特征的地貌景观合共接近 800 处。就其地貌类型的细节而言，也根据具体情况和所处地域以及环境的不同而分为两大类，一类是暖湿气候下的丹霞地貌，另一类则是处于干旱地区中的丹霞地貌。

其分布之广，范围之大，在国际上都得到了认可。同时，这也可能是

173

全世界唯一一处处于两种不同环境当中，拥有着完整发育序列的红层地貌和下属地貌产品类型的国家。因为基本都出现在野外地区，所以中国相当大的一部分保护区和自然公园、景点中其实都或多或少地包含丹霞地貌景观的存在。但是由于各个地区在保存数量上和景观资源的丰厚程度等因素上的差异，中国现有的37个世界遗产当中，只有这6处是完全以丹霞红层地貌景观为核心而成立的。

分布

2007年，国家相关工作部门和以湖南省政府为首的丹霞地貌申遗团队，从参加申报报名的全国17处景观单位中经过筛选和比对，初步确认了位于中国南方地区的6个省份当中的9个提名地，作为主要参加申遗的成员。

这一批地区就成为我国丹霞地貌申请自然遗产最初的提名名单。经过几轮更加严格的评比和对实地情况的考察之后，最终确认保留了6处提名地，全部由中国南方湿润区的丹霞地貌景区所组成。包括贵州赤水、广东丹霞山、湖南崀山、福建泰宁、浙江江郎山以及江西的龙虎山6处景点，包括发育程度分别处在老年期、青年期、壮年期等三个主要阶段的丹霞地貌。

以"中国丹霞"为6个景点总体的通用名称，成组通过了联合国教科文组织审批，成为了世界自然遗产之一。故而在提及"中国丹霞"这个概念的时候，6处提名地都是必不可少的组成部分。

(一) 贵州赤水

赤水丹霞位于贵州省境内，毗邻赤水市区。交通便利，地理位置相对较好。赤水也是在中国工农红军长征过程中留下了一段传奇经历的地方。

在这里存在的砂岩丹霞地貌范围很大，分布总面积可达1 200平方千米，地域连绵起伏，地区内景貌显著者亘连如体形庞大的固态赤红色火烧云降落凡间，又如在水中荡开的丹墨颜料凝定而成，色彩与形态细节变化多姿，纯粹以红层为地表形态的核心区面积达到了二百七十多平方千米，是国内所有丹霞地貌景区当中特征比较显著而典型的中坚力量型角色。

赤水丹霞有别于国内其他地区的丹霞地貌，这片地带的丹霞地貌景观还处于发育的青年期，比之国内其他地区的前辈们，形成年代距今较为接近，地层和样貌的发育在今后还有着非常广阔的空间，但这只是相对而言的结果。另外，由于所占据和拥有的广阔面积，同时受到了当地人们有意识地维护和控制开发。因此，自初始形成而今的年

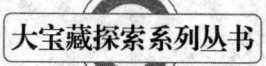

代里，不仅地形地貌发育极其完好、丰满，拥有着异常壮观的秀丽艳映的红层山地景观境内也保存了相当庞大的湿地和原始森林环境。从这一角度上来说，赤水丹霞所具有的不仅仅是丹霞地貌这一方面的价值，也是贵州地区一片非常重要的原始生态保留地。

其区域境内的森林覆盖面颇为广大，超过了总体占地面积的90%。其间丰富的地表和地下水流资源为这里生活的植物和动物提供了生存最重要的需求，也保证了这里的湿地环境。区域内植被茂密，森林中古木众多，枝桠横生，近乎遮天蔽日。

林中共生存着五十余种列入国家保护范围的，包括珍惜濒危动植物在内的共两千三百多种植物和动物，是我国南方自然森林和湿地环境保留区中极具生物多样性特色的一处。

与苍翠浓绿的森林彼此相互形成强烈对照的，是这里各种红色凝结而成的地表和山岩。层层叠叠的植物的翠绿与林间水流的幽碧更加映衬出这里形态陡峭高耸的丹霞山地的突兀和卓扬。

横陈山间的丹霞赤壁，险峻峭立的血色山峰，山壁岩石当中天然生成的规模巨大、色彩强烈的岩廊洞穴等，在群翠茂盛当中益发显得色调的深重激昂，尤其是跨度广阔、绚丽壮美的丹霞峡谷，静卧于蓝天白云之间，立于山头向其中眺望，整个世界便仿佛只剩下四种色彩。但那色彩，却自有一份和谐的尺度，凝重而不僵硬，艳绝而不妖娆。恰到好处地把整个景致的一切共同呈现出来，不致抢去了各自的风采。单就这份谐韵所创造的自然的流畅感，便足以令人流连其中。

(二)广东丹霞山

说到丹霞地貌,早在20世纪二三十年代,已故著名地质地理学家、中国科学院院士陈国达与冯景兰两位前辈,通过在广东韶关丹霞山地带进行的勘探行动后,便确立了一个称谓和概念。

由于这种自然形成的地貌具有深浅不一、程度不同的红色地层这一显著特点,壮阔者形如铺陈于山地之上的一层丹赤的晚霞,也是由于发现地带位于丹霞山的缘故,故而对这种地貌采用了这样一种命名方式。在这之后,两位前辈对于国内同类型的地貌集中地区又进行了广泛地探查和记述,并将这种地貌称为"国粹"。故此,根据这段渊源,将广东丹霞山称为中国6处丹霞地貌这个族群中的大师兄,可以说是实至名归。

广东丹霞山位于湘、赣、粤3个省自然交界地带的仁化县境内。地理上距离最近的仁化县城9千米远,同其在传统上所属的广东省韶关市相距仅45千米。在我国古代已因出色的风景而闻名广东省,与鼎湖山、西樵山、罗浮山三座名胜山岳并列为广东省四大名山。

其盛名历经诸朝诸代而不衰,现今已然成为中国境内排名靠前的国家级重点风景名胜旅游区之一,也是受到重点保护的国家地质地貌自然保护区。地质内容纯粹,地貌形态丰富,因而享有"中国红石公园"的美称,是我国重要的自然地质现象参考研究基地。

丹霞山山区地域面积比较一般,山体最高峰的海拔高度仅四百米左右,仅广东省境内也不算如何雄伟高耸。但作为享誉一省的著名景致,丹霞山的优秀和特殊之处并不在此。

这里由丹霞地貌形成的大小远近众多山崖、石峰、石塔、石壁和天生桥，几乎是完全由烂漫斑斓的赤红颜色砌筑而成的，其中形态刁异的悬崖峭壁为数甚多，偶见有突出的红色山峰一支、一柱，兀立瘦削，在遍山清秀隽逸的栾翠当中孤独地指向天空。

其形虽枯却亦昂扬，细而犹见苍劲，远观犹如有远古巨神之手擎一支漆笔蘸就丹汁，在天空这幅旷远的蓝图之上凿下一笔笔瘦而凝重的仿宋，上接流云千里轻风去，下连翠谷百亩锦江来，端地是一份好生不羁的傲意。民间曾有赞词为证，曰"桂林山水甲天下，不及广东一丹霞"。丹霞山就以这样独特的风貌赢得了世人的青睐与欣赏。

（三）湖南崀山

仅以丹霞地貌的形态和发育状态的层次来看，湖南崀山堪称所有中国丹霞地貌风景区中品类丰富程度和优美程度位居第一的景区，红盆丹霞地貌的数量和保存的完好程度更是独具一格。

全景区当中，有着全世界都非常罕见的包括青年期、壮年期、老年期阶段和样式在内的丹霞地貌齐头发育的景象。其齐全程度堪称天然的丹霞红层地貌博物馆，在国内地质界有着"丹霞之魂"之誉。

崀山位于湖南省新宁县境内，地理位置相对于大型的人口聚居区来说显得略有些偏远。这也促成了这里丰美的地貌形式完好的保存，足以令所有来此游览之人大饱眼福。

这里还有这么一段趣闻：作为中国丹霞地貌概念的学术创始人之一，陈国达教授一生热爱地质学，在晚年时依然在进行学术研究，当他来到

崀山考察旅行时，以一个专业人士的眼光观看了崀山的景致之后，面对这片内容丰富程度超乎想象的宝地，老爷子当下心中感慨良多，颇有相见恨晚之意。还当着崀山之景，特意题诗一首以记当日之行：半生长誉丹霞美，方识崀山比丹霞，胜地有缘无恨晚，并赏南北双奇花。

地质学界老前辈的赞赏，从侧面证实了崀山这片丹霞之乡的神妙程度。丹霞地貌当中妙岩诡石、险峰奇山原本便多，崀山更是依靠其所拥有多种种类相同、但性质相异的丹霞地貌形式在峰谷林丛中演变出千变万化的山地奇观。

如果说丹霞之景是一方挥洒豁扬的大手书画，那么崀山之景就是一片密集罗列、细琢精雕的艺术品的万宝观园。作为景区地貌景观最显著的特点，这里的石山景致拥有强烈到如同经过人力修整过一般明显的立体感与形象感，围绕着山体的主干层层错落，散布四下，疏密无章，群者繁迷铺延百步，独者秀雅孤矗一方，细者精巧灵动如真，庞者气势壮阔入魂。仅一奇字，便已占尽了同类景观之鳌头。差不多可以说是浓缩了国内乃至天下所有丹霞地貌景致的精华所在。

(四) 江西龙虎山

龙虎山位于江西省的鹰潭市附近，与其相距大约二十千米左右的距离。作为本地的道教名山，是江西省古来已有的名胜所在，既是世界地质公园所在，也是国家自然文化的双料遗产地，从古时开始，具有多种特殊意义于一身的龙虎山就已经是全国范围内小有名气的道家圣地，加诸其上的诸多头衔和光环随着年代的延伸而不断增多。它不仅是一座景观和地理名胜，也是一座存藏着历史的文化名山。

龙虎山拥有最为典型的丹霞地貌特征，葱翠秀雅的山林之下刚毅烈性而层次分明的山石之姿，在某种意义上与道家以理论道、略显刚性的修行理念不谋而合。景致的形态催生的是心境的同化，古来传说，道门一系有传人张天师曾将此视为"灵秀福地"，而选择于此修炼道法，从而成为道法和思想境界修为高超的一代著名道家大师。在历史因素之上，也为当地的景观增添了一份文化上特殊的神秘与意境，引人遐想。

（五）福建泰宁

泰宁风景名胜区地处福建省泰宁县境内，因地理位置而得名。福建一地水土丰美，四季气候湿润宜人，因而拥有丰富的自然景观和历史文化资源。泰宁风景区位于泰宁县县城北部，下辖地域极其广阔，景区总占地面积达到了四千九百多平方千米，拥有我国东南所有地区当中最为集中的天然森林生态资源。

丹霞地貌的发育在这里处于青年期类型，其中仅红层地质景观所占有的区域面积总和就已经超过了2500平方千米，堪称是目前国内丹霞地质景观区当中当之无愧的巨无霸，加上其广泛的森林覆盖面所具有的环境意义，泰宁风景区目前已成为在福建武夷山之后又一处世界级旅游胜地，更是我国南方首屈一指的国家森林、地质公园和省级自然保护与度假区。

很难用一句话概括泰宁风景区这片土地上最为显著和主要的代表性景观是什么，相比于国内共同作为"中国丹霞"遗产申请提名地的各个

"同胞兄弟"来说,泰宁有着与它们在具体形式上各不相同却又在品位和价值上毫不逊色的同类景观,也有其他地方所不具备的特殊内质,广阔的地域和所处地区在历史上的特殊性为它增添了相当丰厚的文化底蕴。

泰宁本身作为中国丹霞地带中青年期状态的丹霞景观,以其所呈现出的超大型景观组成而独具代表性,复杂的地形和当地所经历的地质变化,在这种背景上为它雕琢出了更加个性的具体形态:毗邻水岸、在全世界范围内都颇为罕见的水上丹霞,以及在整个区域纵横交错的"峡谷公园"和其中遍布各处形态不一的岩缝洞窟所形成的"洞穴博物馆",共同构成泰宁丹霞地带所独享的三大奇观。在中生代时期西太平洋活动的作用下,位于古大陆边缘地带的地理结构经过漫长时间的地质变化与当地气候因素的不断堆积,最终形成了这种状态。

如果说崀山的地形地貌是以红层石山为材质精雕细琢群宝遍布的博

物馆,那么泰宁这里就是一处由整片丹霞造就的古朴奇趣的天然园林。不仅在观赏价值上蔚为奇景,也为研究古代各时期地质变化的状态与细节提供了宝贵的资料和

场所。

除了自然景致之外,这里所保存的文化历史遗迹也同样丰厚。泰宁一地,有文字记述的人类历史活动痕迹已经有接近两千年的时间了。民间和文化古籍之中对于泰宁本就素有汉唐古镇与两宋名城的美誉。泰宁一城所在的地理位置决定了它在古代文化、政治与商贸交流上所具有的特殊价值。没有人完整地统计过,究竟有多少人多少事情在这座城市里面留下过声名,这种地利,如同一把天然生成没有形体的筛子,横亘在如泰宁一般有着遥远历史的城镇当中。时间挟带着那些人、那些事,从筛孔当中溜走,留下的是他们和它们走过、活过、做过的那些无法剥离的记忆,虽然在其后久远的岁月中蒙上了尘埃,磨浅了印记,但搅拌着这些细细咀嚼,却是别有一番风味。

(六) 浙江江郎山

论及国内的丹霞地貌家族中显赫的角色,江郎山肯定不能算是头一位,却无疑是其中最具有个性的一个。给予它这样的评价,并不表示它在前面所介绍的那些同族兄弟面前完全没有共有性质上的优势可言,而是由于它在景观风格上所具有的那一份独特的情感基因。

江郎山位于浙江省江山市郊外的江郎乡境内,距离江山市市区范围不远,25千米的公路距离为它提供了更多与城市的人情地气相接触和来往的机会,但是这完全没有让它因此而变得哪怕有多一点点更加平易近人的地方。

 中国丹霞地貌

江郎的名字可能会让人从字面的相同之处联想起成语故事里那个笔下写尽了生平才华、后半生颓唐凋零的狼狈又凄凉的半路天才。不过在这里，当你看到这片山区轮廓的时候就会发现，那种颓唐书生般柔弱与困窘的印象在它的面前究竟显得有多么荒谬和离谱儿。

江郎山古名金纯山，是国家级的著名风景名胜旅游区，在当地的传说当中，古时有三位姓江的兄弟登上此山之巅，化为山顶三处比肩而立的擎天巨石存在至今，因而又名为江郎山。这段简陋到几乎没有任何稍微华丽的修饰词汇铺陈可言的传说，简直就是为了这座高傲而独特的山岳量身打造的，与它那种简单直接、充满气概匹配得相得益彰。

江郎整个山地景区分别由十八曲、三爿石、塔山、牛鼻峰、仙居寺和青龙湖几处景点组成。本山的山体形状如墩，亘立于山脉当中，山麓以上，顶端与山腰相接之处的东面为陡立的峭壁，富有丹霞地貌特色的橙红色地表遍布于褐色岩壁和遍布山间的绿色植被之间。

山体顶端，三道由北向南横列其上、平均高度高达 360 米的醒目巨型石峰于此兀然崛起，犹如从山体当中不甘于匍匐之姿而挣勃而出的三条龙脊，争相昂指着苍穹，欲要一分彼此之高下。其超然的形态与气魄与青山蓝天相形之下呈现的傲伟景观，足以唤起性格最冷僻的人心中那份渴望居高临下的豪情的响应。

三道巨岩的体态突出，形状高削险峻至极，从北至南呈立体的"川"字组合，依次分别被唤作郎峰、亚峰和灵峰，其中亚峰如柱，灵峰如笋，最具有视觉冲击力的郎峰位居最北，厚长侧展如屏风，峰巅与峰体的峭

183

壁上草本植物与岩缝中的山树四下生长，枝叶之绿与褐红色拙重的岩身相映，如同以丹青绘制其上的山脉地理图，于三者当中尤有画景的风致。而在郎峰的峭壁上，还有明代地理学家湛若水不畏艰险亲身攀援其上，垂降题刻而就的古字题词"壁立万仞"。

江郎一山三鼎，可称巍立共秀逸并取、壮气与雅情同存的一方胜景，无愧于来自中外各地的旅者们口中"神州丹霞第一奇峰"之称。

历史

我国的丹霞集中区域普遍有着地貌多样性、地质多样性、生物多样性、景观珍奇性等特性，具有比较突出和显见的自然遗产价值。因此，将之提请到联合国，使之成为国际自然遗产台面上得到承认的一员，对于对这些自然遗迹的保护和推广都无疑有着重要的作用。

20世纪90年代初，就有地质和自然类学科方面的专家提议，将丹霞地貌的初始发现地丹霞山提交申报世界遗产。但是受当时国家重点的大方向影响，这件事情在当时并没有得到足够的支持和重视。

不过在经过一段时间之后，国家在近年逐渐开始将境内文化和自然遗迹作为一种建设软实力的战略资源来对待了。2006年7月，在甘肃张掖召开了全国第十届丹霞地貌旅游开发的学术讨论会，在回忆中，由湖南崀山风景区负责人提议、由中山大学的地质学专家彭华教授起草的一份《关于"中国丹霞地貌"多地合作申报世界自然遗产的倡议书》被作为大会文件正式通过。

中国丹霞地貌

及至2006年12月，按照这份文件的精神和倡议内容，由国家建设部主持、中国联合国教科文组织全国委员会和湖南各级民政机关联合举办了一场关于"中国丹霞地貌联合申报自然遗产行动"的研讨会。

会后统一成立了中国丹霞地貌申遗协调领导小组，由各省推荐专家组成，彭华教授被推选为组长。自此，标志着中国丹霞地貌系列景点的申遗工作正式启动。

2007年，根据国家建设部和申遗领导小组的安排和要求，彭华教授编写了《世界遗产预备名单——中国丹霞地貌》的简本及相关附录。从报名参与的全国十余个单位中，中国建设部和申遗小组挑选出中国南方6个省的9处提名地，这是中国丹霞申请世界自然遗产的第一份初步名单。

在后期的研讨和考察过程当中，建设部和申遗小组先后组织召开了各种研讨表决规划会议和国内外专家的实地考察三十余次，在国内外世界遗产专家的协助下，8次修改中文和英文两个版本的申遗总文本，力求在第一次正式申请就达到最好的申报结果。

2009年1月，在北京召开的中国自然与混合遗产预备名单审查会议当中，申遗小组汇报的中国丹霞系列地区申遗项目以完善的准备工作和切实的调查结果，获得了世界遗产委员会和世界自然保护联盟两个团队的一致认可。

在确定了基本的意向之后，政府和申遗小组又根据国内外专家的意见，经过几次精细筛选，最终确定了将包括广东丹霞山、福建泰宁、江西龙虎山、湖南崀山、贵州赤水和浙江江郎山在内的6个地点整合成为申报世界遗产的最终名单,并以"中国丹霞"作为本次申遗的最终总体名称。

2009年1月,"中国丹霞"六景区的联合申遗得到建设部的签字核准。经时任国务院副总理的李克强同志代表中国政府审批通过后,申报总文本提交给联合国教科文组织的世界遗产中心总部。这标志着作为中国原创命名的地球自然科学发现正式走出了国门。

同年3月,联合国教科文组织世界遗产中心的时任主席佛朗西斯科·班德林先生,致电给中国联合国教科文全委会的秘书长方茂田,表示丹霞申遗材料符合遗产中心《执行世界遗产公约的操作指南》的原则和标准,满足对申报材料完整性所有技术要求。材料的复本已经送交予世界自然保护联盟进行评估。同年9月,两名世界自然保护联盟(IUCN)的地理专家来到中国,开始代表世保联盟前往中国丹霞6个提名地进行实地考察、评估工作。

2010年8月,在地处南美的国家巴西的首都巴西利亚所举行的第34届世界遗产大会上,根据两名负责调查的专家提供的报告资料,联合国教科文组织的世界遗产委员会经过表决,批准"中国丹霞"地质景观地区正式归入到《世界遗产名录》当中。

结 语

我国自古以来就多名山奇峰,各种神妙多姿的地质地貌层出不穷。古来诗家词人乃至话本小说当中所描绘的仙境桃园,也多源自这些胜景给人们所留下的印象。

探寻中国自然遗产大宝藏

我国自古以来就多名山奇峰，各种神妙多姿的地质地貌层出不穷。古来诗家词人乃至话本小说当中所描绘的仙境桃园，也多源自这些胜景给人们所留下的印象。

久而久之，风景与精神文化之间便结下了解不开的血脉之亲，混合着历史与人事，诗中的山水，世上的名胜，彼此争奇斗艳，各自成其一片精彩，共同筑就了中国这片土地上所流传下来的"文化"二字。而到了近现代，山水中所蕴含的内容也随着人类社会的进步和观察事物层次的增多具备了愈加复杂的内涵，它们之于住民，之于旅者，之于家国，各自有着一番独特的意味，它们是游子的离愁，老者的旧忆，也是绘者笔端的长卷，词人毫下的悠吟，如此千人千面，也如此万宗万相。

时至今日，信息与交通的便利，缩短了时间与空间构成的隔阂，自然让这个国家里各个地方的人和事结合得更加紧密，同时，也使它们所具有的这些意义呈几何级数地复杂微妙起来。只是，山水究竟是山水，总结出这些，又迷茫于这些意义的，其实始终都只是我们这些人自己而已。这些沉默亘列于大地之上的山川之魂若有得知，只怕也会笑话我们这份庸人自扰吧。